イラストで学ぶ

離散数学

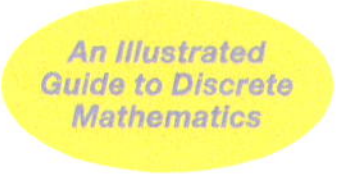

伊藤 大雄 著 *Ito Hiro*

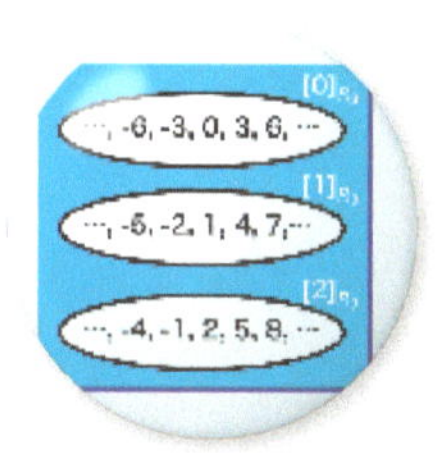

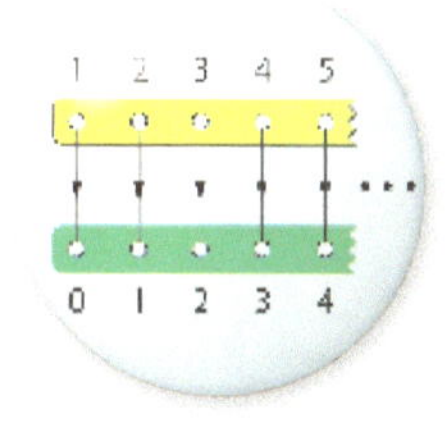

講談社

イラスト：伊藤 大雄

刊行によせて

> 世間の目にはどう映るか知らないが，私自身には，真理の大海は発見されないままで私の眼前に横たわっているのに，自分は砂浜で遊びながら時々普通のよりもなめらかな小石や美しい貝がらを見つけて楽しんでいる一人の少年に過ぎなかったように思われる．
>
> ニュートン（1643-1727）「ブルースターの『ニュートン評伝』から」

離散数学は数学の分野としては新参者ですが，それゆえに未知の宝庫でもあります．離散数学の海辺には美しい小石や貝殻だけでなく，その深海には挑戦しがいのある未解決な問題も多く潜んでいます．この分野は近年のコンピュータの目覚ましい発展とともに進化し続けてきた数学のニューフロンティアです．コンピュータサイエンスを学ぶためには離散数学が基礎基本となります．

本書の特徴を簡潔にまとめると次のようになります：

1. 本書の冒頭には，この分野の美しく魅力的な定理がいくつも紹介されています．その結果，もっとこの分野について知りたいと読者に感じさせています．
2. 離散数学を学ぶうえで必要と思われる集合，論理，写像，関係，帰納法，順列，グラフ，無限集合などの知識を網羅しているので，これらさえ押さえておけば，離散数学の探究に飛び込んでいけます．
3. この分野には，定番の証明法が存在するというよりも，個々の問題に対して，創意や工夫を凝らしてエレガントに解くタイプの問題が多くあり，本書の随所にその発想の輝きを見ることができます．
4. イラストに登場する黒猫とトラ猫が一服の清涼剤になってくれています（あるときは，読者の疑問を代弁したり，ヒントを呟いたり，概念を俯瞰したり，冗談を言ったり……）．
5. 解説のレベルが統一されているので，読みやすくなっています．本書は，高校の数 I レベルの知識があれば読破できるように配慮されています．文系の方でも独習できます．
6. 難易が適度な問題が付記されていて，習ったことを定着させ，応用できるように工夫されています．

コンピュータサイエンスの大家である伊藤大雄教授の鮮やかな筆さばきが光る本書を読んだ方々が，離散数学の魅力を堪能し，将来，これらの理論を生活や勉学，研究に役立てていかれることを期待します．

秋山 仁

（2019 年 6 月 20 日寄稿）

まえがき

本書の執筆を引き受けたときに立てた目標は以下の二つである．

(1) 一般の読者が楽しんで読むことができるものを作る．
(2) 大学の学部の講義に使用できるものを作る．

(1) は「イラストで学ぶ」というシリーズの趣旨から当然と考えた．(2) は現在勤務先の大学で「離散数学」の講義を持っているからである．しかし少し考えてみれば，この二つの目標を両立させることは容易でないことがわかる．いやそれどころかこの両者は「相反する」といっても言い過ぎではない．当たり前のことだが，大学で教えるべき内容は高度に専門的なもので，一般の方々が容易に理解できる水準では困るのである．

いろいろ悩んだが，結局行き着いたのは，「質は落とさない分，イラストで頑張ってわかりやすくする」という至極当たり前の方法であった．それでも結構試行錯誤した．ネコ教授と生徒のクロのやりとりは，当初の予定にはなかった．しかし第 1 章「離散数学の魅力」，第 2 章「集合」と書き進んで，第 3 章の「論理」でハタと困った．「集合」の場合は，ベン図を多用することでイラストはいくらでも描ける．しかし「論理」は実にイラストにしにくい．散々迷った挙句，開き直って，ネコ教授とクロにご登場願ったのである．しかしこの二匹のおかげで，その後の数々の難所も乗り越えることができた．

二匹の掛け合いは，最初のうちは真面目なものだったが，書き進むうちにクロがどんどん生意気に，ネコ教授が頻繁にボケるようになって，時々耳にする「キャラクターが一人歩きする」というのを実感した．書いている私自身が何度も「こんなの教科書として使えるのか？」と自問したが，素人の自分ではとても二匹は制御できなかった．もし内容がふざけすぎているとしたら，その責任は二匹を野放しにした著者（の私）にある．

- **教科書として使用する場合**：冒頭に書いたように，本書は大学の学部の講義で使用できるように作られている．だから，**解説や定理の証明はなるべく正確かつ細部まで記述**するようにした．すべての項目をきちんと教えようとすると，半期でも足りないかもしれないので，必要な部分を適宜取捨選択していただきたい．特に最後の第 9 章の「無限集合」は教養の段階ではやや難しいと思う．しかしここは数学好きを引き込む魅惑の園の入り口なので，**大学生はもちろん，高校生にもぜひ一読してもらいたい**部分である．

- **一般の読者へ**：これも冒頭で書いたように，一般の読者も楽しんで読めるようにも書いたつもりである．そういった方々は，あまり細かい部分にこだわらず，イラストを中心に，**表面的な理解で良いので，ともかく楽しんでいただけば良かろうと思う**．そのうえで，興味を持った部分について解説や証明を少し詳しく読み，内容を理解するように努めてくれれば良い．なにしろ大学の講義に使えるだけの内容があるので，**これ一冊で十分満足いただける**はずだ．

本書を執筆するのに多くの方々に助けていただいた．本書は章立てや話の進め方, 練習問題などかなりの部分について，電気通信大学における本講義の前任者であった岩田茂樹名誉教授のテキストを参考にしている．もしこのテキストがなかったならば，本書の完成は当分日の目を見ていないことになったであろう．岩田教授に心より感謝申し上げる．

電気通信大学2018年度後期の「離散数学」の講義において，未完成な本書の原稿を使用したが，その際に多くの学生から誤植やわかりにくい部分の指摘をいただいた．ここにあらためて感謝する．講談社サイエンティフィクの方々には，私の遅筆で大変迷惑をかけた．ここにお詫びするとともに，本書執筆の機会を与えてくださったことに深謝したい．ネコ教授とクロのモデルであり，ともに筆者の若い頃の飼い猫であった大トラ猫のチャコと，漆黒の美猫で僕の後を鬱陶しいぐらい付いて歩いてきたクロにも，ついでに感謝しておくとしようか．最後に，（猫の後で恐縮だが）私生活において精神面物理面双方で私の支えとなってくれている，分野は違えど私の尊敬する学者でもある，最愛の妻，愛知県立大学日本文化学部教授の伸江に心より感謝の意を捧げたい．ありがとう．

本書が学生の理解の助けとなるとともに，離散数学の愛好家を増やすことに少しでも貢献することを願っている．

2019年4月吉日　　　　**伊藤大雄**

第1刷に対し多くの方から間違いのご指摘をいただいたことに感謝申し上げる．中でも電気通信大学の岡本吉央教授と成蹊大学の山本真基准教授からはそれぞれ大変貴重なご教授をいただいた．心より謝意を示す．

（2020年12月追記）

目　次

コラム一覧

離散数学の魅力
──まず面白さを感じて下さい

こんにちは、ネコ教授です。
これから離散数学の講義を
行います。

僕はクロ、大学生です。
離散数学に興味があります。
私と一緒にネコ教授の
講義を受けませんか？

まず最初の章では、
離散数学の魅力を諸兄に
堪能していただきます。

「諸兄」…
一度使ってみたい用語ですね。

離散数学は計算機科学やオペレーションズ・リサーチとの密接な関係で，20 世紀に急激に発展した．「離散」は「連続」の反対で，すなわち離散数学とは，直感的にいえば「とびとび」になっているものを対象とした数学である [1]．計算機は 0 と 1 の二つの信号を扱うことから，離散数学の守備範囲であり，離散数学なしでは計算機は動かない．

離散数学はこのように現代科学にとって不可欠な分野であるが，もう一つの抗しがたい魅力として「単純に面白い」ということがある．本章では離散数学の中からわかりやすくかつ面白いと思われる話題を選んで紹介する．これらを面白いと感じるならば，あなたは離散数学を学ぶのに適しているといえる．

---

[1] それと対照的なのが微積分などの解析学で，それは原則として連続な対象を扱う．

1.1 ピックの定理

問題 1.1

図 1.1 の格子の幅は 1 とする．この図形の面積を求めよう． ■

図 1.1　この面積を求めよ

三角形に分割してそれぞれの面積を求めて合計すれば求められるが，実はもっと簡単に求める方法がある．図 1.1 の内側にある点の数を数えてみよう．それは図 1.2 の黒点の数であり，全部で 6 個ある．これを x とする．次に図の境界上にある点の数を数えてみよう．それは図 1.2 の白点の数である．全部で 11 個ある．これを y とする．図の面積を S とすると，S はこの x と y を用いて次の式で表すことができる．

$$S = x + \frac{y}{2} - 1 \tag{1.1}$$

図 1.1 の場合，$S = 6 + 11/2 - 1 = 10.5$ となる．

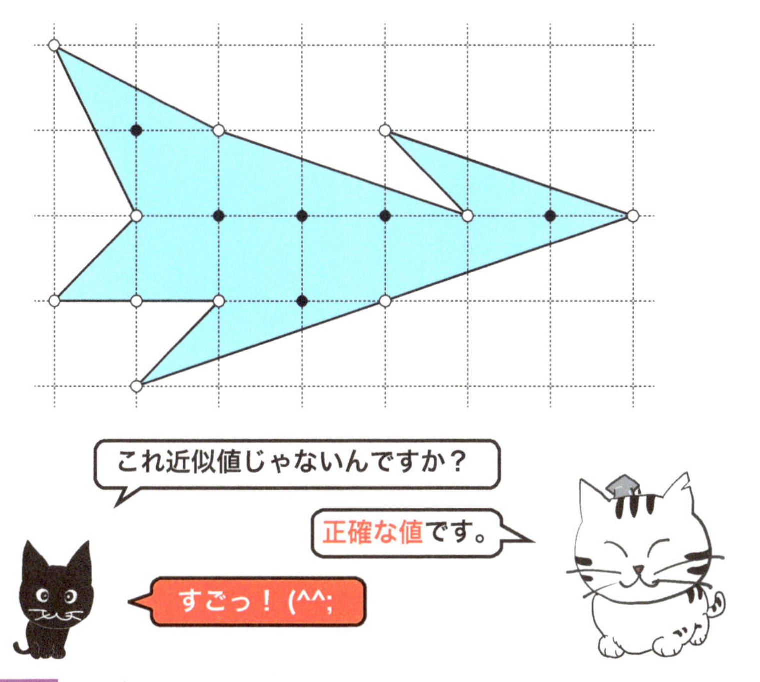

図 1.2　面積の求め方
$x =$ (図の内側にある点（黒点）の数), $y =$ (図の境界上にある点（白点）の数) とすると，図形の面積は $S = x + \frac{y}{2} - 1$ となる.

これが正しいことは，この図を三角形などに分割してそれぞれの面積を求めて和をとることで確かめることができる．それが面倒だと思えば，もっと簡単な図で確かめてみてほしい．例えば図形が単位正方形そのものの場合は $x = 0, y = 4$ なので $S = 0 + 4/2 - 1 = 1$ となり，正しいことがわかる．

参考 1.1

これと似たようなことを小学校の算数の授業で習った経験はないだろうか．円の面積を求めるのに，方眼の上に円を描いて，円の中に完全に含まれる単位正方形の数 x' に，円の境界で分断される単位正方形の数 y' の半分を加えると，円の面積の近似値が求められる．

例えば図 1.3 の左側の図は $x' = 16, y' = 20$ なので，面積の近似値は $S' = 16 + 20/2 = 26$ となる．この円の正確な面積は，半径が 3 なので $3^2\pi \approx 28.26$ となり，8%ほどの誤差である．

方眼を細かくすれば，より近い値が計算できる．図 1.3 の右側の図は $x' = 88, y' = 44$ なので，面積の近似値は $S' = 88 + 44/2 = 110$

となる．この円の正確な面積は，半径が 6 なので $6^2\pi \approx 113.04$ であり，誤差は 3%弱となっている．

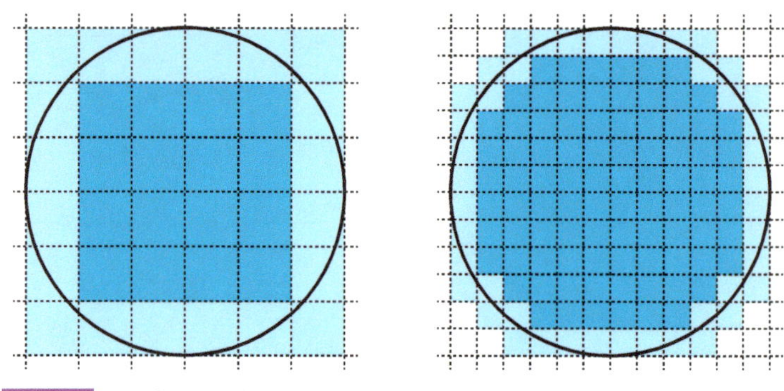

図 1.3　面積の近似値の求め方
$x' =$ (図形に完全に含まれる単位正方形の数), $y' =$ (図形に一部だけ含まれる単位正方形の数) とすると $S' = x' + y'/2$ で図形の面積の近似値が得られる．

式 (1.1) の驚くべきところは，格子多角形に限定されているとはいえ，近似値ではなく，正確な値となっていることである．式 (1.1) を**ピックの公式** (**Pick's Formula**) といい，この定理を**ピックの定理** (**Pick's Theorem**) という．この式の証明は 8.4 節で行う．

1.2 オイラー路とオイラー閉路

一筆描きは誰しも知っていると思う．紙からペンを離さずに図形を一気に描く方法である．一つの線を二度以上なぞるのはもちろん反則．図 1.4 の三つの図形がどれも一筆描きできることは，初めて見る人には驚きだろう．

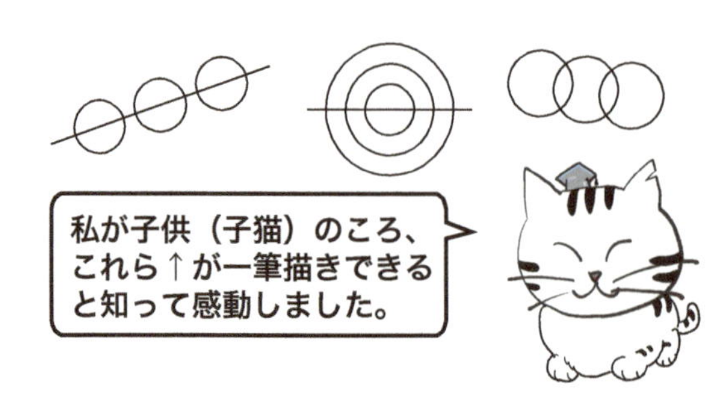

図 1.4　一筆描き

問題 1.2

では図 1.5 の二つの図形はそれぞれ一筆描きできるだろうか？ ■

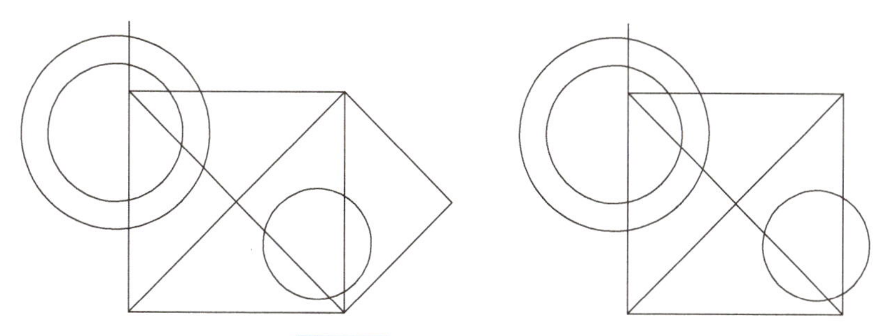

図 1.5 一筆描きできる？

しばらく試してみればわかるが，左の図形は一筆描きできるが，右側のはできない．一筆描きできることは，その方法を示せばそれが証明になるが，

一筆描きできないことはどうやったら証明できるのだろうか？

「いろいろ試したけどできなかった」ではもちろんダメ．やりかたがマズくて，見落としがあったのかもしれないからだ．

一筆描きできるためには図形が**連結**，すなわちひと繋がりでないといけないことは自明なので，これは大前提としよう．しかし連結であっても図 1.5 の右の図形のように一筆描きできないものもある．

「一筆描きができるかできないか」を判別する簡単な方法がある．図形上の点で，線分の端を**端点**，そこから三本以上線分が出ている点を**交点**と呼ぶ．交点のうちで，偶数本の線が出ている点を**偶点**，奇数本の線が出ている点と端点を合わせて**奇点**と呼ぼう．図 1.5 の図形について偶点と奇点を示すと図 1.6 のようになる．偶点を黒点，奇点を白点で表現してある．このとき，次の定理が成り立つ．

定理 1.1

線により構成される連結な図形が一筆描きできる必要十分条件は**奇点の数が 0 または 2** であることである．さらに

- 奇点の数が 0 の場合は一筆描きの軌跡は閉路（始点に戻ってくる経路）となり，
- 2 の場合は各奇点が一筆描きの始点と終点になる（したがって軌跡は閉路にならない）．

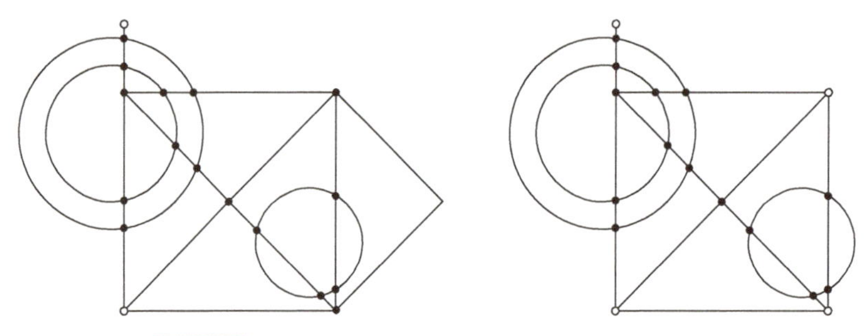

図 1.6　一筆描き可能 ⇔ 奇点（白点）の数が 0 か 2

この定理に従うと，図 1.6 の左側の図形は奇点の数が二つなので一筆描き可能であり，右側の図形は奇点の数が四つなので一筆描き不可能であるということがわかる．

これは，かの大数学者レオンハルト・オイラー (Leonhard Euler, 1707–1783) によって発見された定理であり，こういった一筆描きの軌跡を**オイラー路 (Eulerian path)**，それが閉路である場合は**オイラー閉路 (Eulerian circuit)** と呼ぶ．定理 1.1 の証明は 8.5 節で行う．

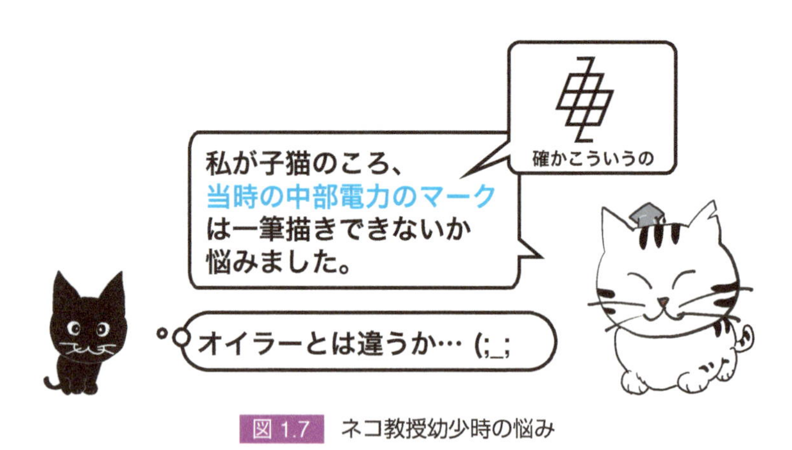

図 1.7　ネコ教授幼少時の悩み

なお，図 1.5 の左側の図形の一筆描きの一例を図 1.8 に載せておく．

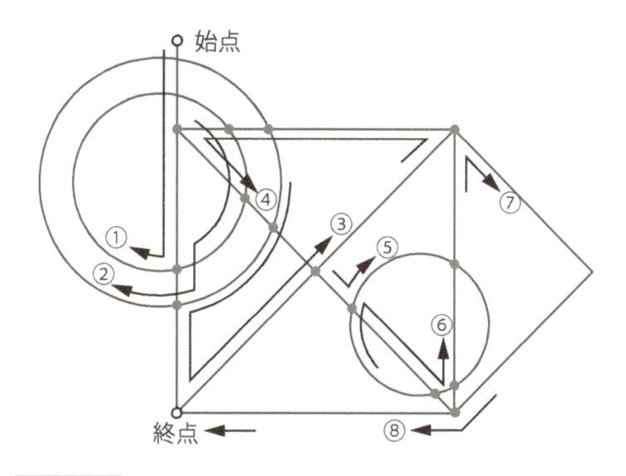

図 1.8　図 1.5 の左側の図形の一筆描きの一例

1.3 ハミルトン路とハミルトン閉路

問題 1.3

図 1.9 の各々の図形について，線をたどることですべての点（黒丸）をちょうど一度ずつ通って元の場所に帰ってくることは可能だろうか？

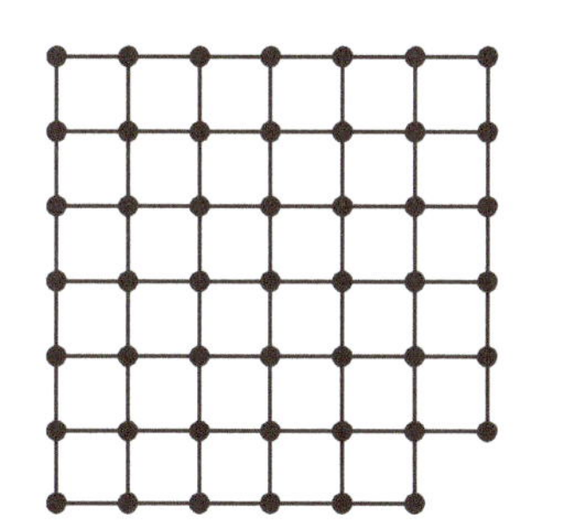

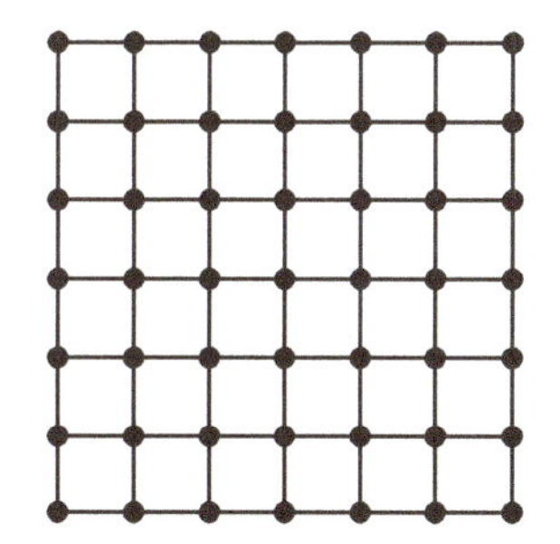

図 1.9　ハミルトン閉路（線をたどることですべての点をちょうど一度ずつ通る閉路）は存在するか？

前節の一筆描き（オイラー閉路）と異なるのは，通っていない線分が存在しても良いという点だ．なお，このような「点の集まりと，それらの間の線分で表される図形」のことを**グラフ**と呼び，点のことを**頂点**，頂点間の線分のことを**辺**と呼ぶ（これらの正確な定義は第 8 章で行う）．そしてグラフにおいて，辺を経由し，すべての頂点を一度ずつ通る閉路のことを**ハミルトン閉路** **(Hamiltonian circuit)** という．すべての頂点を一度ずつ通るが，閉路とは限らないものを**ハミルトン路** **(Hamiltonian path)** という．

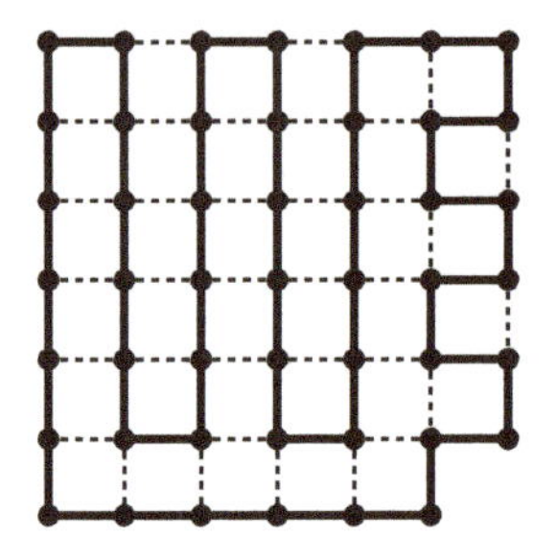

図 1.10　図 1.9 の左のグラフのハミルトン閉路の一例

問題 1.3 をこれらの用語を使って言い直せば，図 1.9 の各々のグラフにハミルトン閉路は存在するか？という問題となる．

試行錯誤すれば，図 1.9 の左のグラフについてはハミルトン閉路は見つかる（一例を図 1.10 に記しておく）．しかし右のグラフはどうやっても無理そうだ．このグラフの場合，「ハミルトン閉路は存在しない」ということをきちんと証明するうまい方法がある．それは以下の通りである．

参考 1.2

図 1.9 の右のグラフにハミルトン閉路が存在しないことの証明

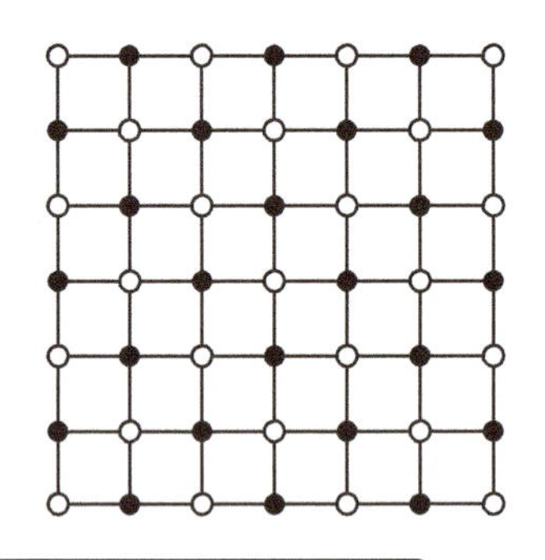

この二色に塗り分ける方法は
結構使われるので、
覚えておくと良いですよ。

図 1.11　図 1.9 の右のグラフにハミルトン閉路が存在しないことの証明

図 1.11 に示すようにすべての点を白黒二色に塗り分ける．白点の

隣は黒点，黒点の隣は白点となるように塗り分けられている．もしハミルトン閉路が存在するとすると，それは白点 → 黒点 → 白点 → 黒点 → ··· のように白黒交互に通過していなければならない．そしてそれが閉路であるので，その**閉路上に現れる白点と黒点の数は等しくなければならない**．しかし図 1.11 の白点と黒点の数は異なるので，それは不可能である．よって，図 1.9 の右のグラフにはハミルトン閉路は存在しない．

これは見事な証明といえるだろう．しかも「奇数 × 奇数」の格子グラフすべてに適用できる．しかし残念ながら，この手法はハミルトン閉路が存在しないすべてのグラフについて適用できるわけではない．例えば図 1.12 の二つのグラフはその例である．どちらのグラフにもハミルトン閉路は存在しないが，左のグラフの場合は，白黒二色に（同色が隣合わないように）塗り分けても色数が同じなので反証にならない．一方，右のグラフはそもそも白黒二色に塗り分けることが不可能である[2]．

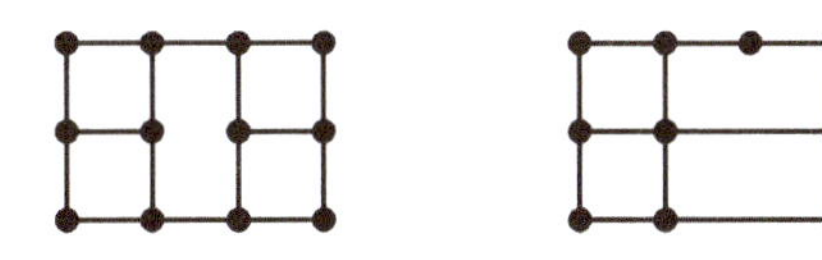

図 1.12　二色塗り分けの技法が使えない例

グラフにハミルトン閉路が存在するか否かを簡単に判別する方法は知られていない．オイラー閉路の場合は定理 1.1 のような綺麗で簡潔な判別法が知られているにもかかわらず，ハミルトン閉路にはそういう定理は見つかっていないのだ．

与えられた任意のグラフに対し，ハミルトン閉路が存在するか否かという問題は**ハミルトン閉路問題 (Hamiltonian Path Problem)** と呼ばれ，それを判別する簡単な方法が存在するか否かという問題は非常に有名な未解決問題で，多くの数学者や計算機科学者を悩ませているが，いまだに解かれていない．実はハミルトン閉路問題は，クレイ数学研究所の提示した数学のミレニアム 7 大未解決問題の一つ「P 対 NP 問題」と同値であり，**解決に 100 万ドルの賞金がかけられている**．（この部分をきちんと知りたい人は離散アルゴリズム理論の本，例えば文献[2] などを参照.）

[2] 右上に 5 つの点からなる閉路があるので，この部分だけでもすでに二色塗り分けは不可能である．

図 1.13　「P 対 NP 問題」を解けば 100 万ドル！

1.4 ポーシャのスープの問題

問題 1.4

1 から 10 までの 10 個の整数から 6 個選んで，そのうちのどの 2 数も「互いに素でない」ようにできるか？　ただし，1 と任意の整数は互いに素と考える[3]（図 1.14）.

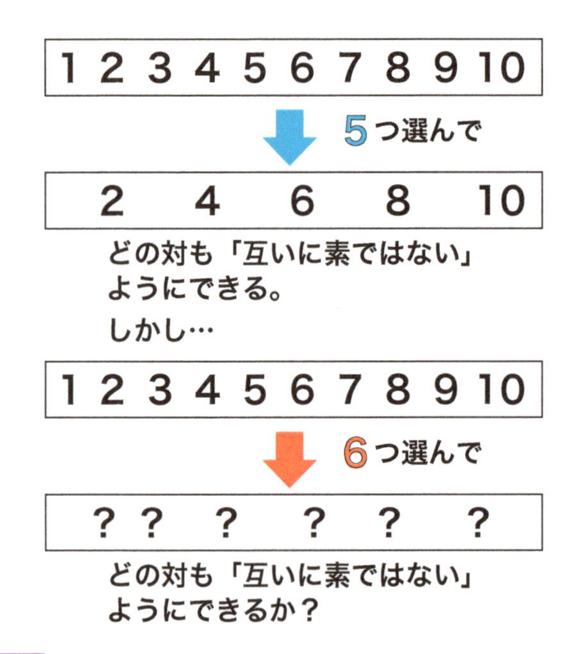

図 1.14　6 つ選んでどの 2 数も「互いに素でない」ようにできるか？

例えば 5 つならば $\{2, 4, 6, 8, 10\}$ とすべての偶数を選べば，どの 2 数も「互いに素でない」ようになっている．しかし 6 つは難しい．実は次のことがわ

[3] なぜならば，共通の約数が 1 のみだから．

かっている．

定理 1.2

1 から $2n$ までの整数から $n+1$ 個選んで作った任意の集合 S は，必ず互いに素な対を含む．

これに $n=5$ を適用すれば，上の問題の答は「できない」だということがわかる．これの証明は実は**おそろしく簡単**である．しかしそれを思いつくのは，あまり簡単ではない．興味のある方はちょっと考えていただきたい．自力で思いついた人は数学的センスに自信を持って良い．その証明は次のページに記する．

定理 1.2 の証明

集合 S は必ず隣り合う 2 数を含む．隣り合う 2 数は互いに素である． ■

図 1.15　定理 1.2 の証明

一所懸命考えても，この証明に気づかなかった方も多いだろう．そしてこの証明を読んで，この証明のあまりの簡単さに唖然とするに違いない．その意味でこれほど鮮やかな証明はなかなかない．

定理 1.2 には姉妹編ともいうべき次の定理がある．その定理はまったく対称的な主張をしている．

定理 1.3

1 から $2n$ までの整数から $n+1$ 個選んで作った任意の集合 S は，片方がもう片方の倍数になっているような対を必ず含む．

これも $\{1,\ldots,10\}$ の例を考えると $\{6,7,8,9,10\}$ と 5 つ選べば，どれも「片方がもう片方の倍数」にはなっていない．しかし 6 つでは，そのようにできない（図 1.16）．

こちらの証明は先ほどの証明に比べると少し長い．しかしその鮮やかさはこの世に数ある証明の中でもトップクラスといえるほど見事である．本節の題目である「ポーシャのスープの問題」とは，20 世紀最大の数学者の一人であり，離散数学の魅力を学者の間に広めた最大の功労者であるポール・エルデシュが，天才と噂されるラヨシュ・ポーシャという若者を訪ねたときのエピソードに基づいている．エルデシュがこの問題を出し，ポーシャが昼食のスープを飲み終わるまでに証明して見せたという [4]．**もし自力でこの証明に**

[4] これを聞いて，関羽が華雄を討ち果たしたときの（正史ではなく三国志演義のほうの）話を思い出すのは私だけだろうか．

1 2 3 4 5 6 7 8 9 10

6 7 8 9 10

どの対も「片方がもう片方の倍数でない」
ようにできる。

しかし…

? ? ? ? ? ?

どの対も「片方がもう片方の倍数でない」
ようにできるか？

図 1.16 6 つ選んでどの 2 数も「片方がもう片方の倍数でない」ようにできるか？

気づく者がいたら，数学や理論計算機科学などの道に進むことを強くすすめる．学者として名をなすことは間違いない．

証明は以下の通りである．

定理 1.3 の証明

1 から $2n$ までの整数をそれぞれ $m2^k$ という形で表記する．ただし m は奇数で k は非負整数である．

例えば

$$1 = 1 \times 2^0 \text{ なので } m = 1,\ k = 0$$
$$2 = 1 \times 2^1 \text{ なので } m = 1,\ k = 1$$
$$3 = 3 \times 2^0 \text{ なので } m = 3,\ k = 0$$
$$4 = 1 \times 2^2 \text{ なので } m = 1,\ k = 2$$
$$5 = 5 \times 2^0 \text{ なので } m = 5,\ k = 0$$
$$6 = 3 \times 2^1 \text{ なので } m = 3,\ k = 1$$

⋮

という具合である．具体的にはその数を 2 で割れるかぎり割り続けて，最後に割れなくなったらそれは奇数なのでそれを m とし，2 で割った回数を k とするのが，明らかに唯一の m と k の決め方であるので，各数に対し $m2^k$ という表記は一通りに定まる．

m の取り方は明らかに 1 以上 $2n-1$ 以下の奇数であり，全部で n 通りである．S に属する数は $n+1$ 個なので，そのうちの少なくとも二つの異なる数が，同じ m の値を持たなければならない．その二つの数は明らかに片方がもう片方の倍数になっている． ■

1.5 鳩の巣原理

定理 1.3 の証明で以下の記述があった．

「m の取り方は（中略）全部で n 通りである．S に属する数は $n+1$ 個なので，そのうちの少なくとも二つの異なる数が，同じ m の値を持たなければならない．」

この議論は言わば自明の理で誰しも同意する事実であろう．しかし数学ではこの理屈にちゃんと名前がついている．その名も「**鳩の巣原理**」という．「鳩の数が巣の数より多ければ，必ず二羽以上入っている巣がある」という理屈である（図 1.17）.

これを少し一般化して次のように表現されることが多い．

定理 1.4

鳩の巣原理 (The Pigeon Hole Principle)

n と m を正整数とする．m 個の集合 $S_1, \ldots, S_m$ が存在し，$|S_1 \cup \cdots \cup S_m| = n$ であるならば，$\lceil n/m \rceil$ 個 [5] 以上の要素を含む集合が存在する．

集合が巣に，要素が鳩に対応する．この原理は自明なことを述べているだ

[5] 実数 a に対し，$\lceil a \rceil$ は a より小さくない最小の整数を意味する．言い換えれば，$\lceil a \rceil$ は a の小数点以下切り上げである．例えば，$\lceil 3.14 \rceil = 4$ である．

図 1.17　鳩の巣原理

けなので，「**わざわざ名前をつける必要があるのか**」という気もするが，先の証明のように，鮮やかな証明にこの原理が使われていることが意外とあるので，頭に入れておいて損はない．先の証明を説明する際にも「鳩の巣原理より」と付け加えると**ちょっとカッコイイ**．

1.6 エルデシュ・セケレシュの単調部分列の定理

1から9までの数字を左から右へ1列に好きな順で並べて数列を作ってみよう．例えば図1.18の数列を作ったとする．

2 9 6 3 5 7 1 4 8

図 1.18　1から9の数列

この数列から，左から順に飛ばし飛ばしで良いので，数字が順々に大きくなるように選ぶ．これを**増加部分列**と呼ぶことにする．例えば図1.19の黄色に塗ってある4枚を選んだものが増加部分列の一例で，2, 6, 7, 8と数字が増えている．

図 1.19　増加部分列の例

図1.19の増加部分列の長さは4だが，うまくとればさらに長いものがある．それは図1.20で示した長さ5のものである．図1.18の数列においては増加部分列の長さは5が最大である．したがって「**最大増加部分列長**は5である」ということにする．

図 1.20　最長増加部分列

同様に減少列についても同じようなことを考えることができる．図1.21は長さが4の**減少部分列**である．図1.18の数列においては，これが最長の減少部分列なので，「**最大減少部分列長**は4である」という．

図 1.21　最長減少部分列

1	2	3	4	5	6	7	8	9

図 1.22　最大単調部分列長が最長となる例

そして最大増加部分列長と最大減少部分列長の大きい方をその列の**最大単調部分列長**と呼ぶことにする．すなわち，図 1.18 の数列の最大単調部分列長は（5 と 4 の大きい方をとって）5 である．

最大増加部分列長や最大減少部分列長は数字の並べ方でもちろん変わる．極端な例では図 1.22 の数列においては最大増加部分列長は 9 で最大減少部分列長は 1 となる．したがって，図 1.22 の数列の最大単調部分列長は 9 である．

図 1.22 の例からわかるように，1 から n までの数字を使用した長さ n の数列で，最大単調部分列長が最長になるのは，明らかに単調増加もしくは単調減少の列で，その長さは n である．

ではここで次の問題を考えてみよう．

問題 1.5

1 から n までの数字を使用した長さ n の数列における，最大単調部分列長の最小値はいくつか？ ■

この問題の n のように一般的な数値を含む問題に取り組む場合は，まず n に具体的な数字を入れて解いてみるのが良い．あまり小さな数字では面白くない．$n = 9$ について考えてみてほしい．答えは次のページにある．

考え中・・・考え中・・・考え中・・・

$n = 9$ の答えは図 1.23 の通りである．増加部分列長も減少部分列長もどちらも 3 である．

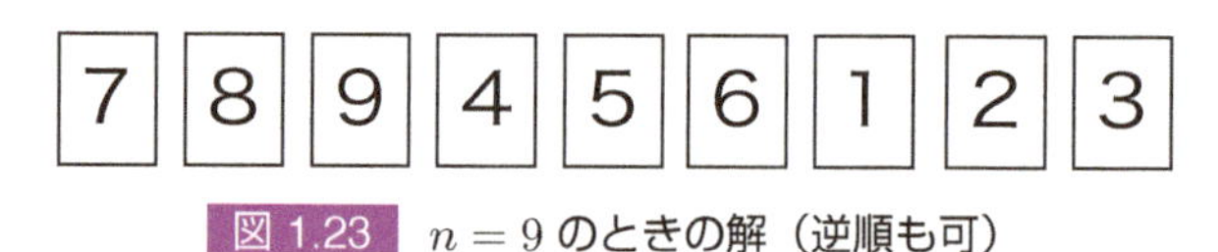

図 1.23　$n = 9$ のときの解（逆順も可）

これがわかれば $n = 16$ のときの答えも類推できよう．次の図 1.24 の通りで，増加部分列長も減少部分列長もどちらも 4 である．

13　14　15　16　9　10　11　12　5　6　7　8　1　2　3　4

図 1.24　$n = 16$ のときの解（逆順も可）

ここまで来れば n が冪乗（べきじょう）になっている場合，すなわち正整数 k に対し $n = k^2$ の形になっている場合の解の類推もできる．それは以下の通りで，増加部分列長も減少部分列長もどちらも k である．

$$
\begin{aligned}
&k(k-1)+1, k(k-1)+2, \ldots, k^2,\\
&k(k-2)+1, k(k-2)+2, \ldots, k(k-1),\\
&\vdots\\
&k+1, k+2, \ldots, 2k,\\
&1, 2, \ldots, k
\end{aligned}
$$

「なんだ簡単じゃないか」と思った人，ちょっと待って！　上で示してきた例は，確かに最小に思えるが，

これで最小であることはどうして保証されるのだろうか？

例えば $n = 10$ で最小のものを作ろうとしても，どうしても増加部分列か減少部分列で長さ 4 以上のものができてしまうが，「どうしてもできてしまう」では，もちろん証明にはなっていない．実は次のことが証明できる．

定理 1.5

エルデシュ・セケレシュの単調部分列の定理

n を任意の正整数とする．n^2+1 個の整数 $\{1, 2, \ldots, n^2+1\}$ をちょうど一つずつ使って作られる任意の数列は長さ $n+1$ の単調部分列を含む．

この定理の $n=3$ の場合を考えれば，長さ 10 の場合には長さ 4 の単調部分列を必ず含むことがわかる．

この定理の証明を示す前に記号を一つ準備しておく．与えられた数列に対し，その数列内の各数 i について，それを先頭とする増加部分列の最大長を $r(i)$ とする．

例 1.1

例えば図 1.18 の数列について 2 を先頭とする最長の単調増加部分列は図 1.20 の黄色に塗ってある 5 枚を選んだものであり，その長さは 5 なので $r(2)=5$ となる．その隣の数 9 について考えると，図 1.18 の数列において 9 で始まる増加部分列は 9 そのものなので，その長さは 1 であり，$r(9)=1$ となる．さらにその隣の 6 について考えると，図 1.18 の数列において 6 で始まる最長の増加部分列は図 1.25 の黄色に塗ってあるものであり，その長さは 3 なので $r(6)=3$ となる．以下同様に調べて行くと

$$r(3)=4,\ r(5)=3,\ r(7)=2,\ r(1)=3,\ r(4)=2,\ r(8)=1$$

を得る．

図 1.25　図 1.18 の数列において 6 で始まる最長増加部分列

では証明を掲げる.

定理 1.5 の証明

n^2+1 個の整数 $\{1, 2, \ldots, n^2+1\}$ よりなる，ある順列の最大増加部分列長が n 以下であると仮定する．このとき最大減少部分列長が $n+1$ 以上であることを導ければ，題意を証明できたことになる．

この数列の各数 i に対して $r(i)$ の値を調べると，仮定からどれも n 以下である．すなわち，$r(1), r(2), \ldots, r(n^2+1)$ の n^2+1 個の値の取り方は高々 n 通りしかない．

ここで鳩の巣原理（定理 1.4）より，1, 2, …, n のどれかの値は $\lceil \frac{n^2+1}{n} \rceil = n+1$ 個以上の $i \in \{1, 2, \ldots, n^2+1\}$ の $r(i)$ の値となっている．その値を q とする．

この数列の中で，$r(i) = q$ である数字からなる部分列を考える．ここで，この部分列は必ず減少部分列になっていなければならない．

なぜならば，もし減少部分列でないとするならば，どこかで 2 つの数字 i, j（ただし $i < j$）が，この順で並んでいることになるが，この場合は，元の数列の j を先頭とする増加部分列の頭に i をつけることによって一つ長い増加部分列が得られる．したがって $r(i) > r(j)$ でなければならず，$r(i) = r(j) = q$ であることに反する．

よってこの部分列は減少部分列であり，その長さは $n+1$ 以上あるので，所望の性質が証明された． ■

例 1.2

このことを例を使って確かめてみよう．図 1.26 の数列は長さ $10 = 3^2+1$ のもので，最大増加部分列長は 3 である．各数の下に $r(i)$ の値を記してある．ここで $r(i)$ の取りうる値は 1, 2, 3 の 3 種なので，鳩の巣原理より，この 3 種の数字のうちのどれかは $\lceil \frac{10}{3} \rceil = 4$ つ以上の $i \in \{1, 2, \ldots, 10\}$ の $r(i)$ の値となっていなければならない．それは 2 である．$r(i) = 2$ となる 4 つの数を左から順に選んで行くと 7, 6, 5, 2 となっており，これは減少部分列である．

7	4	6	3	1	10	9	5	2	8

$r(i)$ の値：2　3　2　3　3　1　1　2　2　1

図 1.26　定理 1.5 の証明を例で確かめる

第2章

集合
——数学の大本

集合はすべての数学の基礎です。
しっかり押さえておきましょう。

合点、承知之助！

私が子猫の頃は小学校で
集合論を習いました。

某G社の学習雑誌で
「8時ダヨ！全員集合！」
を使って説明してました。

歳がわかりますね。

しかし猫又か、この教授…(^^;

近代数学では集合を使って自然数や演算などを定義していく．つまり

集合は数学の大本

なのである．とはいえ，集合を学ぶのに肩肘を張る必要はない．「ものの集まりが集合」という素朴な集合の定義でほとんどの場合は問題ない [1]．本章では集合論の基本的な定義や定理を学ぶ．「包除原理」は意外と便利なので，ぜひ理解しておきたい．

---

[1] ラッセルのパラドックスなどのように素朴集合論で矛盾が出るのは，特殊な設定（自己言及）の場合のみである．

2.1 集合とは何か

2.1.1 定義の表記法

「α という概念を β で定義する」ことを

$$\alpha \overset{\text{def}}{\Leftrightarrow} \beta \tag{2.1}$$

と書く.

例 2.1

平面上の異なる 2 点 a, b に対し

$$\overline{ab} \overset{\text{def}}{\Leftrightarrow} a \text{ と } b \text{ を通る直線}$$

「α の値を β の値として定義する」ことを

$$\alpha \overset{\text{def}}{=} \beta \tag{2.2}$$

と書く.

例 2.2

$$2 \overset{\text{def}}{=} 1 + 1$$

$\overset{\text{def}}{\Leftrightarrow}$ や $\overset{\text{def}}{=}$ の "def" は definition（定義）の def です。

図 2.1 $\overset{\text{def}}{\Leftrightarrow}$ と $\overset{\text{def}}{=}$ の "def" とは

2.1.2 集合の基礎

集合はすべての数学的概念の基礎といって良い.

定義 2.1

数学的にきちんと定められたものの集まりを**集合** (set) という.

しかしこの定義を見て腑に落ちる人は少ないだろう.「数学的にきちんと定められた」という表現自体がまったく数学的ではないからだ. この集合の定義は次のように言い換えると多少わかった気になる (図 2.2).

定義 2.2

集合 (set) とは**元** (element) の集まりであり, 任意の元について, それがその集合に属しているか否かが不確定要素なしに一意に決定できるものである. 元のことを**要素**ともいう.

集合の定義って、なんかスッキリしませんね。

現代数学では集合の定義が一番最初にあります。
だから集合の定義で使える道具がないので、
わかりやすく数学的に記述するのが難しいのです。
「光あれ」「我思う故に我あり」ですよ。

だからって、こんな曖昧な定義で良いのですか?

実は本当の集合の定義は別にあります。
しかしそれを説明しても、専門家以外は
かえって分からなくなるので、一般向けには
ああいう直感的でやや曖昧な定義を書くのです。

めちゃくちゃ気になるんですけど…

そういう人は「公理論的集合論」
関係の本で勉強して下さい。
ただし、よほどの数学好きでないと
嫌になることは請け合いです。

…

図 2.2　集合の定義は難しい. なぜならば, 一番最初の数学的概念だから

例 2.3

例えば以下のものはすべて集合である．

(S1) $\{1, 2, 3, 4, 5\}$
(S2) すべての偶数の集合
(S3) $\{\ldots, -4, -2, 0, 2, 4, \ldots\}$
(S4) 1000 以上の整数の集合
(S5) すべての実数の集合

なお，(S2) と (S3) は表現は異なるが，同じ集合を表している．一方，以下のものはどれも集合ではない．

(N1) 大きな整数の集合
(N2) 簡単に解ける問題の集合
(N3) 壊れやすい物の集合
(N4) 清廉潔白な政治家の集合

これらは「大きな」や「簡単」「壊れやすい」「清廉潔白」などが主観に基づくもので，客観的な判断基準がないので，「不確定要素なしに一意に決定でき」ないからである [2]．さらに「政治家」も人によって定義が異なるかもしれない [3]．なお，これらは，もしそれぞれの曖昧な用語が明確に定義してあるならば，集合と判断できる．実際 (N2) は有名な未解決問題「P 対 NP 問題」にかかわる概念である（文献[2] 参照）.

整数全体の集合を $\mathbb{Z}$，有理数全体の集合を $\mathbb{Q}$，実数全体の集合を $\mathbb{R}$ と表す．さらに，正整数の集合を $\mathbb{Z}^+$，非負整数の集合を $\mathbb{Z}_0^+$，負整数の集合を $\mathbb{Z}^-$，非正整数の集合を $\mathbb{Z}_0^-$ と表し，同様に，正有理数の集合を $\mathbb{Q}^+$，非負有理数の集合を $\mathbb{Q}_0^+$，負有理数の集合を $\mathbb{Q}^-$，非正有理数の集合を $\mathbb{Q}_0^-$，正実数の集合を $\mathbb{R}^+$，非負実数の集合を $\mathbb{R}_0^+$，負実数の集合を $\mathbb{R}^-$，非正実数の集合を $\mathbb{R}_0^-$ と表す．

なお，$\mathbb{Z}_0^+$ の要素のことを自然数と呼び，$\mathbb{N} = \mathbb{Z}_0^+$ と表すこともあるが，0 を自然数に入れない考え方もあり [4]，やや紛らわしいので本書では自然数という用語は使用しない．

[2] ただし，これらの用語が別途厳密に定義してあれば集合となり得る．
[3] (N4) は自明に空集合だという意見もあると思うが，私は必ずしもそうとは限らないと信じている．

図 2.3　集合とは何か

x が集合 S の要素であることを

$$x \in S \tag{2.3}$$

のように表現する[5]．$x \in S$ でないことを

$$x \notin S \tag{2.4}$$

と表現する．

集合はその要素を列挙して中括弧で括ることで表現できる（例えば，例 2.3 の (S1) と (S3)）．また，別の表現方法として，任意の集合 S に対し，その要素 x とそれに対する条件 $C(x)$ を用いて「S の要素 x のうちで条件 $C(x)$ を満たすものすべての集合」のことを

$$\{x \in S \mid C(x)\} \tag{2.5}$$

のように表現することができる．また，S が明らかなときにはそれを省略して

$$\{x \mid C(x)\} \tag{2.6}$$

のように表現しても良い．

[4] 日本の初等教育では 0 は自然数に入れない．しかし初等教育で自然数に 0 を入れるか入れないかは国によって異なるようである．なお，数学基礎論や計算機科学では 0 は自然数に入る．古代数学では 0 という数はなかったので，その関係で 0 を自然数に入れなかったのだと思われるが，現代数学では ZF 公理系で 0 を自然数に入れていることもあり，今後は「0 を自然数に入れる」のが主流になっていくと思われる．

[5] これを逆にして $S \ni x$ のようには**表記しない**のが原則である．例外的に使う場合もなくはないが，正式な文章では使用しないのが賢明である．

例 2.4

$\{x \in \mathbb{R} \mid -1 \leq x \leq 1\}$ は -1 以上 1 以下の実数の集合を表す．

何も要素を含まない集合を**空集合** (empty set) と呼び，$\emptyset$ で表現する．

2.2 ベン図と和集合，共通集合，部分集合など

A と B を集合とする．

$$A \cup B \stackrel{\text{def}}{=} \{x \mid x \in A \text{ または } x \in B\} \tag{2.7}$$

$$A \cap B \stackrel{\text{def}}{=} \{x \mid x \in A \text{ かつ } x \in B\} \tag{2.8}$$

$$A - B \stackrel{\text{def}}{=} \{x \mid x \in A \text{ かつ } x \notin B\} \tag{2.9}$$

$A \cup B$ を A と B の**和集合** (union) または**結び**，$A \cap B$ を A と B の**共通集合** (intersection) または**交わり**，$A - B$ を A と B の**差集合** (difference) という．$A - B$ は $A \backslash B$ と表すこともある．n 個の集合 $A_1, \ldots, A_n$ に対し，

$$\bigcup_{i \in \{1,\ldots,n\}} A_i \stackrel{\text{def}}{=} A_1 \cup \cdots \cup A_n \tag{2.10}$$

$$\bigcap_{i \in \{1,\ldots,n\}} A_i \stackrel{\text{def}}{=} A_1 \cap \cdots \cap A_n \tag{2.11}$$

とする．

$$A \subseteq B \stackrel{\text{def}}{\Leftrightarrow} \text{任意の } x \in A \text{ について } x \in B \tag{2.12}$$

$$A = B \stackrel{\text{def}}{\Leftrightarrow} A \subseteq B \text{ かつ } B \subseteq A \tag{2.13}$$

$$A \subset B \stackrel{\text{def}}{\Leftrightarrow} A \subseteq B \text{ かつ } A \neq B \tag{2.14}$$

$A \subseteq B$ であるとき A は B の**部分集合** (subset) であるといい，B は A を**包含する**ともいう．$A \subset B$ であるとき A は B の**真部分集合** (proper subset) であるという [6]．

---

[6] 部分集合であることを $\subset$ を使って表記する方法もあり，中学校ではそう習ったかもしれない．しかし $<$ と $\leq$ との類似性もあり，最近では部分集合は $\subseteq$，真部分集合は $\subset$ を使うことが多い．また，$A \ni x$ とは書かないのと同様に，$B \supseteq A$ や $B \supset A$ という表記も原則としてしない．

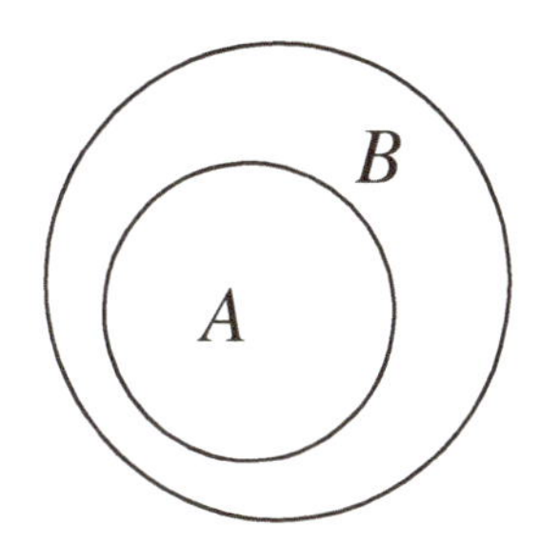

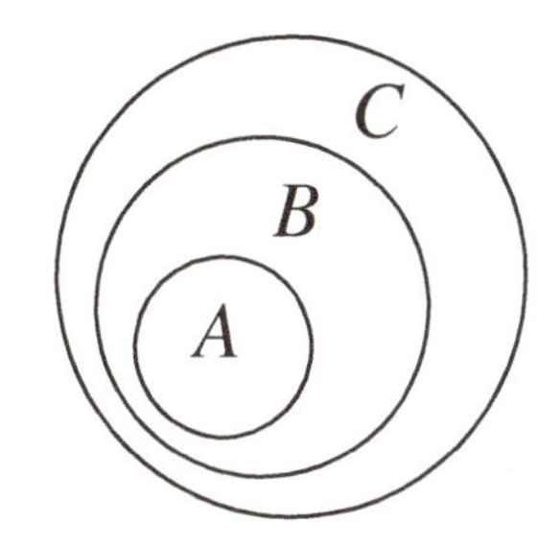

図 2.4　$A \subseteq B$（左）と $A \subseteq B \subseteq C$（右）を表すベン図

集合間の関係は**ベン図 (Venn Diagram)**[7] を使って表現するとわかりやすい．例えば $A \subseteq B$ という関係は図 2.4 の左の図のように表される．三つの集合 A, B, C が $A \subseteq B \subseteq C$ という関係にあるならば図 2.4 の右の図のように表される．このようにベン図では，集合は円で表現されることが多いが，楕円やその他の任意の平面図形 [8] も必要に応じて使用して差し支えない．

一般には，二つの集合 A と B は $A \subseteq B$ であるとも $B \subseteq A$ であるとも限らない．さりとて $A \cap B \neq \emptyset$ であるかもしれない．こうした二つの集合の一般的関係は図 2.5 のベン図で表現される（色は以下の説明の都合上つけたもので，通常はなくて良い）．図で赤で示した部分が $A - B$ で，黄色で示した部分が $B - A$，橙色で示した部分が $A \cap B$ である．赤，黄，橙の三つを合わせた部分が $A \cup B$ となる．図 2.5 の具体例が図 2.6 である．ここでは A が正整数の集合で，B が偶数の集合であるので，$A \cap B$ は正の偶数の集合となる．

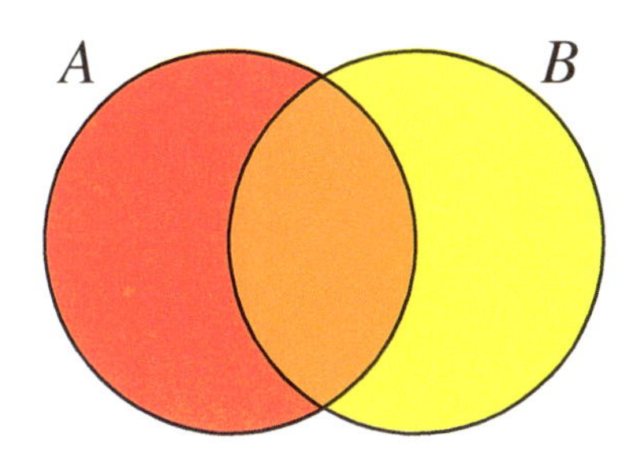

図 2.5　二つの集合の一般的関係を表現するベン図

[7] これは正式には「オイラー図」と呼ばれ，「ベン図」は図 2.5 や 2.8 のように一般的関係（すべての組合せ）を表したもののみに用いるのが正式であるという指摘をいただいた．調べてみると確かにその指摘が正しいようだ．ただ現時点では「ベン図」が定着しているように思うので，ここでは「ベン図」のままとしておく．将来的に「オイラー図」の呼び方に変わっていくかもしれない．

[8] ただし円と位相同型の図形を使うのが原則である．

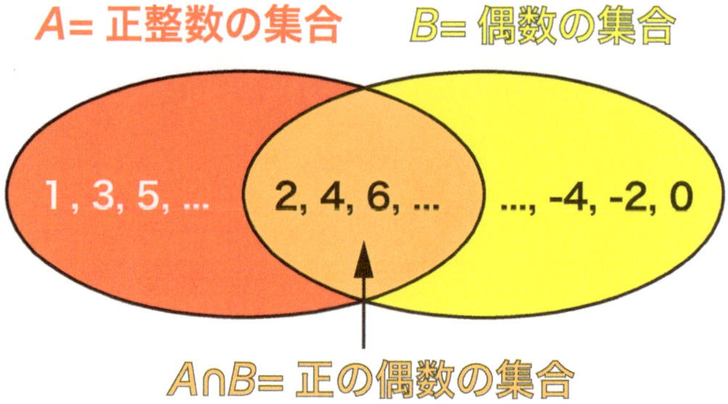

A= 正整数の集合　B= 偶数の集合

1, 3, 5, ...　2, 4, 6, ...　..., -4, -2, 0

A∩B= 正の偶数の集合

図 2.6　図 2.5 の具体例

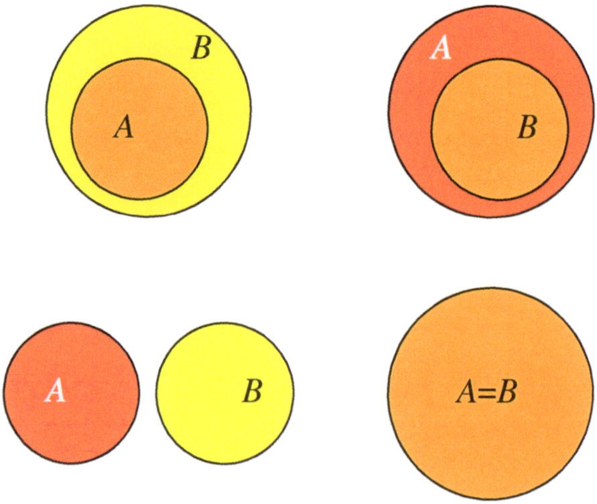

B　A　A　B

A　B　A=B

図 2.7　二つの集合の関係いろいろ
左上：$A \subseteq B$，右上：$B \subseteq A$
左下：$A \cap B = \emptyset$，右下：$A = B$

もし図 2.5 の赤色の部分が空集合，すなわち $A - B = \emptyset$ であるとき，$A \subseteq B$ となる．この場合のベン図は図 2.7 の左上のようになる．図 2.5 の黄色の部分が空集合，すなわち $B - A = \emptyset$ であるとき，$B \subseteq A$ となり，この場合のベン図は図 2.7 の右上である．図 2.5 の橙色の部分が空集合，すなわち $A \cap B = \emptyset$ の場合は，A と B は**互いに素 (disjoint)** であるといい，この場合のベン図は図 2.7 の左下の図である．さらに $A = B$ の場合のベン図は（書くまでもない気もするが）図 2.7 の右下の図となる．上の 4 通りのどれでもない場合，すなわち，$A - B$, $B - A$, $A \cap B$ のどれも空集合でない場

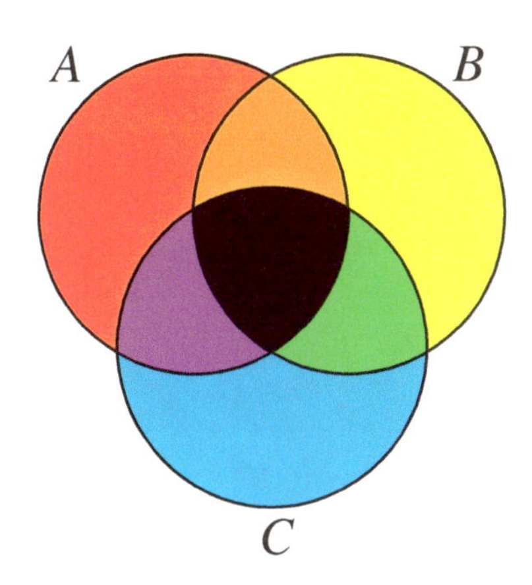

図 2.8　三つの集合の一般的関係を表現するベン図

合のベン図は図 2.5 そのものとなる．二つの集合の関係は一般に以上の 5 通りある（もちろん数え方にもよるが）．

三つの集合の一般的関係を表すベン図は図 2.8 である．中央の黒の部分が $A \cap B \cap C$ であり，紫の部分が $A \cap C - B$ で，緑の部分が $B \cap C - A$ である．

任意の集合 A, B, C に対し，以下の性質が成り立つ．

$$A \cup (B \cup C) = A \cup B \cup C \quad (\text{結合律}) \tag{2.15}$$

$$A \cap (B \cap C) = A \cap B \cap C \quad (\text{結合律}) \tag{2.16}$$

$$A \cup (B \cap C) = (A \cup B) \cap (A \cup C) \quad (\text{分配律}) \tag{2.17}$$

$$A \cap (B \cup C) = (A \cap B) \cup (A \cap C) \quad (\text{分配律}) \tag{2.18}$$

結合律が成り立つのは自明であろう．分配律が成り立つことをベン図を使って確かめてみよう（図 2.9）．式 (2.17) の左辺の A は図 2.9 左上のベン図の赤の丸い部分，$B \cap C$ は中上のベン図の緑色のレンズ形の部分であるので，左辺 $A \cup (B \cap C)$ の示すものは，この両者の和集合なので右上のベン図で（赤と緑と黒で）色づけされた部分になる．一方，右辺の $A \cup B$ は左下の（赤と橙と黄で）色づけされた部分で，$A \cup C$ は中下の（赤と青と紫で）色づけされた部分となるので，右辺 $(A \cup B) \cap (A \cup C)$ の示すものは，その両者の共通集合なので右下の（赤と緑と黒で）色づけされた部分になる．この両者（右上と右下）が等しいことから，式 (2.17) の等式が成り立つことがわかる．

式 (2.18) についても同様に確かめてみてほしい．

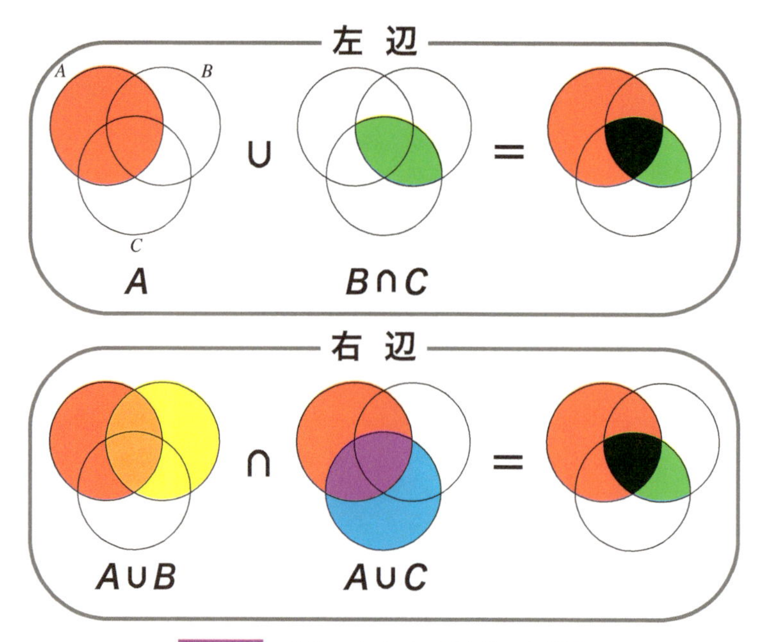

図 2.9 式 (2.17) のベン図を使った証明

2.3 普遍集合とド・モルガンの法則

扱う対象全体の集合を**普遍集合** (universal set) という．普遍集合は**全体集合**ともいう．普遍集合がわかっているとき，補集合が定義できる．普遍集合を U とすると，集合 A の**補集合** (complement) $\overline{A}$ は次で定義される (図 2.10)．

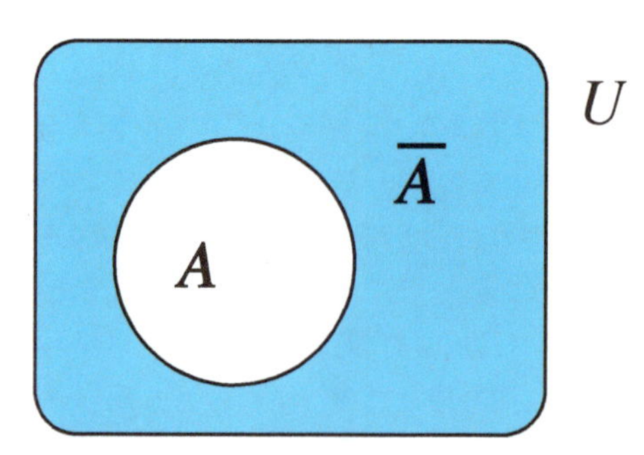

図 2.10 補集合：青色部分が集合 A の補集合 $\overline{A}$

$$\overline{A} \stackrel{\text{def}}{=} U - A \tag{2.19}$$

補集合の定義から，以下の性質が明らかに成り立つ．ただし U は普遍集合である．

- 任意の集合 $A \subseteq U$, 任意の要素 $x \in U$ に対し，$x \in \overline{A}$ ならば，かつそのときにかぎり $x \notin A$
- $\overline{(\overline{A})} = A$

さらに次の関係式が有名である．

定理 2.3（ド・モルガンの法則）

任意の集合 A と B に対し，以下の二つの関係が成り立つ．

$$\overline{(A \cup B)} = \overline{A} \cap \overline{B} \tag{2.20}$$

$$\overline{(A \cap B)} = \overline{A} \cup \overline{B} \tag{2.21}$$

ド・モルガンの法則を図 2.11 のベン図で確認してみよう．例えば $A \cup B$ はこの図の赤，黄，橙の部分になるので，式 (2.20) の左辺 $\overline{(A \cup B)}$ は，図の青の部分になる．一方，$\overline{A}$ は黄と青の部分で，$\overline{B}$ は赤と青の部分なので，式 (2.20) の右辺 $\overline{A} \cap \overline{B}$ はやはり図の青の部分になり，両辺の表す部分が等しいことがわかる．式 (2.21) についても確かめてほしい．

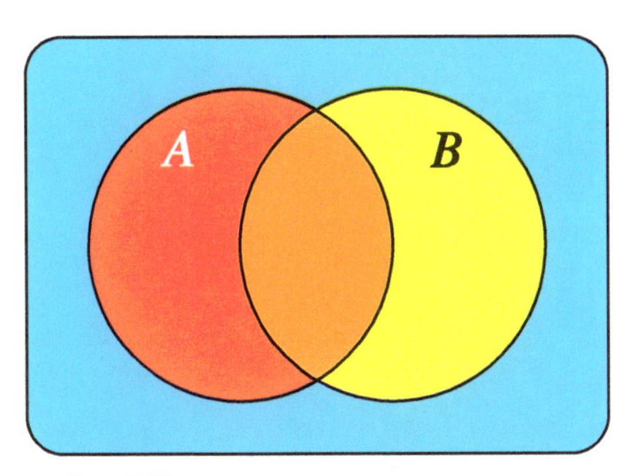

図 2.11　ド・モルガンの法則の説明用の図

普遍集合を Ω とするとき，Ω の任意の部分集合 $A \subseteq \Omega$ に対して，関数 $\chi_A : \Omega \to \{0, 1\}$ を次のように定める．

$$\chi_A(x) \stackrel{\text{def}}{=} \begin{cases} 1 & (x \in A) \\ 0 & (x \notin A) \end{cases}$$

ここで $\{0, 1\}$ は真理値（3.1.1 節参照）を表しており，$\chi_A(x)$ は x が A の元か否かを示している．$\chi_A(x)$ を A の**特性関数 (characteristic function)** という．

2.4 有限集合と包除原理

集合の要素数が有限であるとき，**有限集合 (finite set)** といい，そうでないときは**無限集合 (infinite set)** という．A が有限集合のとき，A の要素数を $|A|$ で表す．

命題 2.4[9]

A と B を互いに素な有限集合とすると，以下が成り立つ．

(1) $|A \cup B| = |A| + |B|$

(2) $|A \cap B| = 0$

証明

(1) の左辺において，A, B に属する要素は各々一回ずつしか数えられないので，右辺の結果と一致する．(2) は $A \cap B = \emptyset$ であることから自明である． ■

[9] 第 3 章で「命題」という用語は定義されており，一般に命題は真と偽のどちらも取り得る．しかし，この命題 2.4 でいう「命題」はそれとはやや異なり，真の命題の意味である．論文などの数学的な文章において，定理ほどの重要性がない場合に「命題」という用語を用いる．

命題 2.5

A と B を有限集合とすると，以下が成り立つ．

(1) $A \subseteq B$ ならば $|A| \leq |B|$ である．

(2) $A \subset B$ ならば $|A| < |B|$ である．

(3) $|A| = |B|$ ならば $|A - B| = |B - A|$

(4) $|A| < |B|$ ならば $|A - B| < |B - A|$

(5) $|A \cup B| = |A| + |B| - |A \cap B|$

証明

(1) $A \subseteq B$ より，$|B| = |A| + |B - A|$ であるので明らか．

(2) $A \subset B$ より，$B - A \neq \emptyset$ であるので，$|B - A| > 0$ となる．
よって $|B| = |A| + |B - A|$ より明らか．

(3) $|A - B| = |A| - |A \cap B| = |B| - |A \cap B| = |B - A|$

(4) $|A - B| = |A| - |A \cap B| < |B| - |A \cap B| = |B - A|$

(5)

$$
\begin{aligned}
|A \cup B| &= |A - B| + |A \cap B| + |B - A| \\
&= (|A - B| + |A \cap B|) + (|B - A| + |A \cap B|) - |A \cap B| \\
&= |A| + |B| - |A \cap B|
\end{aligned}
$$

■

命題 2.5 の (5) はベン図でイメージするとわかりやすい．図 2.11 で A は赤と橙の部分で B は黄と橙の部分なので，$|A| + |B|$ を計算すると赤と黄の部分に加えて，橙の部分が 2 度足されることになる．この橙の部分はまさしく $A \cap B$ であるので，$|A| + |B|$ から $|A \cap B|$ を引いたものが $|A \cup B|$ に等しくなるのである．

三つの集合に対しても，命題 2.5 の (5) と類似の（ただし少し複雑な）性質が成り立つ．

命題 2.6

三つの任意の有限集合 A, B, C に対して，次の関係が成り立つ．

$$
\begin{aligned}
|A \cup B \cup C| = |A| + |B| + |C| \\
-|A \cap B| - |B \cap C| - |C \cap A| \\
+|A \cap B \cap C| \qquad (2.22)
\end{aligned}
$$

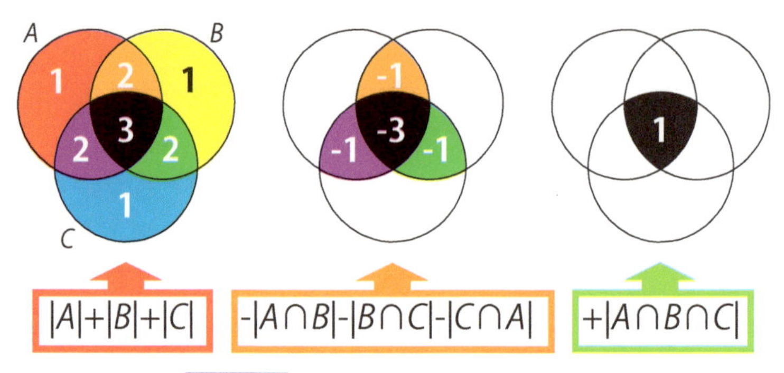

図 2.12　命題 2.6 を理解するための図

この式の正しさもベン図でみるとわかりやすい．図 2.12 は式 (2.22) の右辺において，各部分が足し引きされる回数を表している．左の図が $|A|+|B|+|C|$ によって足される回数，真ん中の図が $-|A\cap B|-|B\cap C|-|C\cap A|$ によって足される（マイナスをとれば「引かれる」）回数，右の図が $|A\cap B\cap C|$ で足される回数である．すべて足すと，すべての部分がちょうど一度ずつ足されているのがわかる．これをきちんと証明すると次のようになる．

命題 2.6 の証明

$$\begin{aligned}|A\cup B\cup C| &= |(A\cup B)\cup C| \\ &= |A\cup B|+|C|-|(A\cup B)\cap C| \quad (\because \text{命題 } 2.5\ (5))\end{aligned} \tag{2.23}$$

ここで再度命題 2.5 (5) より

$$|A\cup B| = |A|+|B|-|A\cap B| \tag{2.24}$$

であり，さらに

$$\begin{aligned}|(A\cup B)\cap C| &= |(A\cap C)\cup(B\cap C)| \quad (\because \text{式 } (2.18)) \\ &= |A\cap C|+|B\cap C|-|(A\cap C)\cap(B\cap C)| \quad (\because \text{命題 } 2.5\ (5)) \\ &= |A\cap C|+|B\cap C|-|A\cap B\cap C|\end{aligned} \tag{2.25}$$

が成り立つ．式 (2.23) に式 (2.24) と式 (2.25) を代入して

$$\begin{aligned}&|A\cup B\cup C| \\ &= |A\cup B|+|C|-|(A\cup B)\cap C| \\ &= (|A|+|B|-|A\cap B|)+|C|-(|A\cap C|+|B\cap C|-|A\cap B\cap C|)\end{aligned}$$

$$= |A| + |B| + |C| - |A \cap B| - |B \cap C| - |C \cap A| + |A \cap B \cap C|$$

となり，命題 2.6 の式が得られる． ■

命題 2.6 の式はさらに 4 つ以上，任意の数の集合にまで一般化することができる．それを示す前に 4 つの集合の場合について書いておこう．

命題 2.7

4 つの任意の有限集合 A_1, A_2, A_3, A_4 に対して，次の関係が成り立つ．

$$\begin{aligned}
&|A_1 \cup A_2 \cup A_3 \cup A_4| \\
&= \sum_{i=1}^{4} |A_i| - \sum_{1 \leq i < j \leq 4} |A_i \cap A_j| + \sum_{1 \leq i < j < k \leq 4} |A_i \cap A_j \cap A_k| \\
&\quad - |A_1 \cap A_2 \cap A_3 \cap A_4|
\end{aligned}$$

練習問題 2.1 命題 2.7 を証明せよ．

集合の個数を一般の n に拡張することで，次の**包除原理 (Inclusion-Exclusion Principle)** と呼ばれる定理を得る（図 2.13）．

定理 2.8（包除原理）

n 個の任意の有限集合 $A_1, \ldots, A_n$ について，次の等式が成り立つ．

$$\begin{aligned}
&|A_1 \cup \cdots \cup A_n| \\
&= \sum_{i=1}^{n} |A_i| - \sum_{1 \leq i < j \leq n} |A_i \cap A_j| + \cdots \\
&\quad + (-1)^{n-2} \sum_{1 \leq i_1 < \cdots < i_{n-1} \leq n} |A_{i_1} \cap \cdots \cap A_{i_{n-1}}| \\
&\quad + (-1)^{n-1} |A_1 \cap \cdots \cap A_n|
\end{aligned}$$

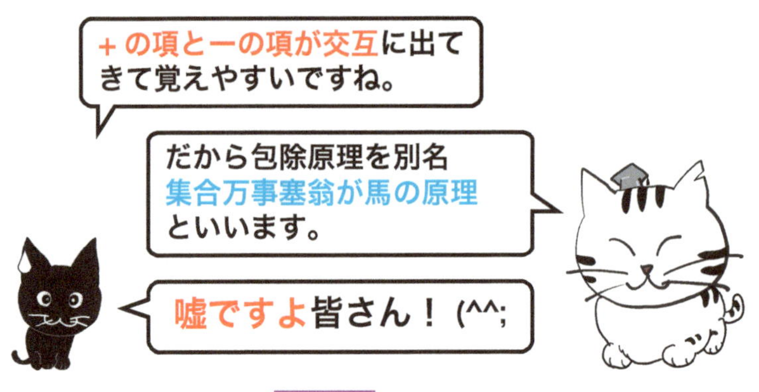

図 2.13 包除原理

2.5 冪集合

集合 A の部分集合全体からなる集合を 2^A と表す．すなわち，2^A は次のように定義される．

$$2^A \overset{\text{def}}{=} \{B \subseteq A\} \tag{2.26}$$

2^A を**冪集合** (**power set**) という．

例題 2.1

$A = \{a, b, c\}$ の冪集合 2^A を求めよ．

解答

$$2^A = \{\emptyset, \{a\}, \{b\}, \{c\}, \{a, b\}, \{a, c\}, \{b, c\}, \{a, b, c\}\}$$

例題 2.2

任意の有限集合 A に対し，$\left|2^A\right| = 2^{|A|}$ であることを証明せよ．

解答

A の各要素に対し，それを含むか含まないかで 2 通りに場合分けができる．したがって要素が $|A|$ 個あるので，異なる部分集合の数は $2^{|A|}$ である (図 2.14)．

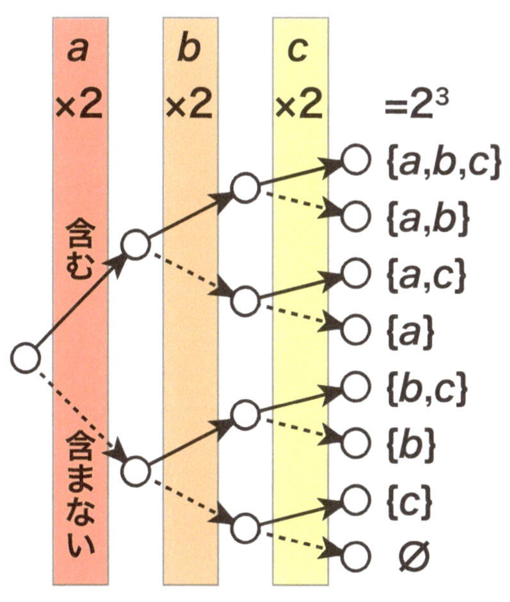

図 2.14 $|2^A| = 2^{|A|}$ の証明： $A = \{a, b, c\}$ の例

論理
——科学的思考の基礎

「A は B である」かつ
「B は C である」
ならば
「A は C である」

三段論法ですね。

こういった論理を
数学として体系化
したのがブールです。

「A は B である」と「B は C である」が正しければ「A は C である」も正しい.

これは有名な三段論法である．こういった論理を数学（代数）で扱えるようにしたのがイギリスの数学者ブール (George Boole; 1815–1864) である.

論理は離散数学のみならず数学の基礎知識であり，科学的思考の基礎となる重要な概念である．本章ではその基礎を学ぶ.

3.1 命題論理

3.1.1 真理値と命題論理

真 (true) または**偽** (false) を**真理値** (truth value) と呼び，真理値をとる変数を**論理変数** (logical variable) と呼ぶ．真理値は**論理値** (logical value) ともいい，真を記号の T あるいは数値の 1 で，偽を記号の F あるいは数値の 0 で表すこともある．

図 3.1　命題とは何か

図 3.2　命題論理式の中では各命題はその真理値で置き換えられる

定義 3.1

命題論理式 (propositional logical expression) とは以下で定義されるもののことである．

(1) 論理変数は命題論理式である．

(2) α と β を命題論理式とすると，以下で定義される論理演算子を使用して構成された $\alpha \vee \beta$, $\alpha \wedge \beta$, $\neg\alpha$, $\alpha \to \beta$, $\alpha \leftrightarrow \beta$ の各々も命題論理式である．

命題論理式のことを単に**命題** (proposition) ということもある．

演算子 $\vee$, $\wedge$, $\neg$, $\to$, $\leftrightarrow$ を**論理演算子** (logical operator) と呼び，その定義を図 3.3 に掲げる．

α	β	$\alpha \vee \beta$	$\alpha \wedge \beta$	$\neg\alpha$	$\alpha \to \beta$	$\alpha \leftrightarrow \beta$
0	0	0	0	1	1	1
0	1	1	0	1	1	0
1	0	1	0	0	0	0
1	1	1	1	0	1	1

こういう表を
真理値表といいます。

図 3.3 真理値表

図 3.3 のような表を**真理値表** (truth table) という．論理演算子の読み方は以下の通りである．

$\alpha \vee \beta$:「α または β」

$\alpha \wedge \beta$:「α かつ β」

$\neg\alpha$:「α でない」(否定)

$\alpha \to \beta$:「α ならば β」

$\alpha \leftrightarrow \beta$:「α であるとき，かつそのときにかぎり β」

練習問題 3.1 真理値表を用いて

$$(\alpha \leftrightarrow \beta) \Leftrightarrow ((\alpha \to \beta) \wedge (\beta \to \alpha)) \tag{3.1}$$

$$(\alpha \to \beta) \Leftrightarrow (\neg\beta \to \neg\alpha) \tag{3.2}$$

(α→β) はなぜ「αが偽なら常に真」なのか

例：命題 A：「クロはお行儀よくしていればお刺身が貰える」は

とすると「α→β」と書くことができる.

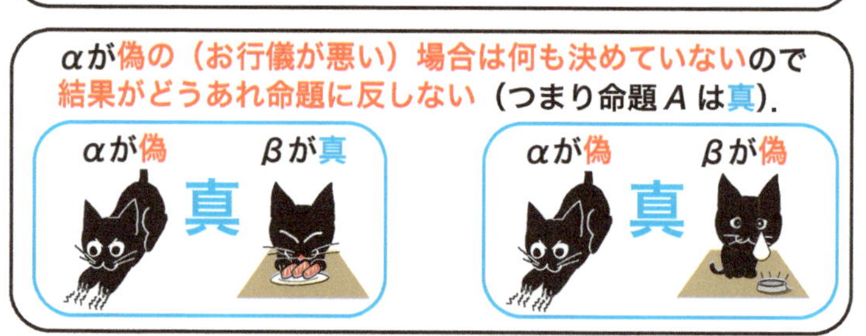

図 3.4 $(\alpha \to \beta)$ はなぜ「α が偽なら常に真」なのか

が成り立つことを確かめよ．なお,「⇔」は必要十分条件の意味で，その定義は 3.2.2 節を参照.

なお式 (3.2) は,「命題とその**対偶 (contraposition)** の真偽は常に等しい」ということを意味している.

3.1.2 命題論理式におけるさまざまな性質

命題論理式 α, β, γ に対し，以下の性質が成り立つ.

$$\alpha \vee 0 = \alpha, \quad \alpha \vee 1 = 1 \tag{3.3}$$

$$\alpha \wedge 0 = 0, \quad \alpha \wedge 1 = \alpha \tag{3.4}$$

$$\alpha \vee \neg\alpha = 1,\ \alpha \wedge \neg\alpha = 0 \quad \text{排中律 (excluded-middle law)} \tag{3.5}$$

$$\alpha \vee \alpha = \alpha, \quad \alpha \wedge \alpha = \alpha \quad \text{冪等律 (idempotence law)} \tag{3.6}$$

$$\alpha \vee \beta = \beta \vee \alpha,\ \alpha \wedge \beta = \beta \wedge \alpha \quad \text{交換律 (commutative law)} \tag{3.7}$$

$$\left.\begin{aligned} \alpha \vee (\beta \vee \gamma) &= \alpha \vee \beta \vee \gamma \\ \alpha \wedge (\beta \wedge \gamma) &= \alpha \wedge \beta \wedge \gamma \end{aligned}\right\} \text{結合律 (associative law)} \tag{3.8}$$

$$\left.\begin{aligned} \alpha \vee (\beta \wedge \gamma) &= (\alpha \vee \beta) \wedge (\alpha \vee \gamma) \\ \alpha \wedge (\beta \vee \gamma) &= (\alpha \wedge \beta) \vee (\alpha \wedge \gamma) \end{aligned}\right\} \text{分配律 (distributive law)} \tag{3.9}$$

$$\alpha \vee (\alpha \wedge \beta) = \alpha,\ \alpha \wedge (\alpha \vee \beta) = \alpha \quad \text{吸収律 (absorption law)} \tag{3.10}$$

定 理 3.2 （ド・モルガンの法則）

任意の命題論理式 α と β に対し，以下の二つの関係が成り立つ．

$$\neg(\alpha \vee \beta) = \neg\alpha \wedge \neg\beta \tag{3.11}$$

$$\neg(\alpha \wedge \beta) = \neg\alpha \vee \neg\beta \tag{3.12}$$

ド・モルガンの法則は真理値表を用いて簡単に証明することができる．例えば図 3.5 の真理値表が式 (3.11) の証明になっている．

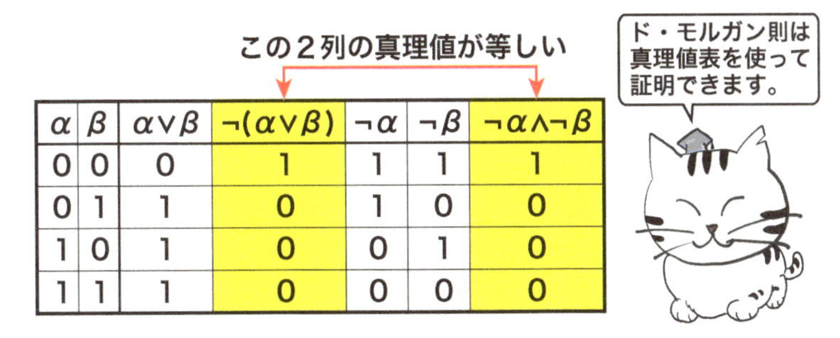

α	β	$\alpha \vee \beta$	$\neg(\alpha \vee \beta)$	$\neg\alpha$	$\neg\beta$	$\neg\alpha \wedge \neg\beta$
0	0	0	1	1	1	1
0	1	1	0	1	0	0
1	0	1	0	0	1	0
1	1	1	0	0	0	0

図 3.5　ド・モルガンの法則のうちの式 (3.11) の真理値表による証明

練習問題 3.2　上の式 (3.3)〜(3.10) と (3.12) が成り立つことを真理値表を用いて確かめよ．

3.2 述語論理

3.2.1 量化記号と述語論理

さまざまな論理を記述しようとした場合，命題論理だけでは表現能力が不足している．そこで命題論理を一般化した**述語論理** (predicate logic) が用いられる．一般化の段階がいくつかあるが，本書ではその最も基本的なものである一階述語論理のみを扱う．よって以降では述語論理といえば一階述語論理のことである．

述語論理では以下の記号を導入する．

$\forall$：**全称記号** (universal quantifier)

$\exists$：**存在記号** (existential quantifier)

全称記号と存在記号を合わせて**量化記号** (quantifier) と呼ぶ．（0 個以上の）変数[1] を持つ記述を**述語** (predicate) と呼ぶ．

述語の例：「$x > 0$」「$x^2 + 2x - 3 = 0$」「$x + y = 0$」など．

引数として x を持つ述語を $P(x)$ などと表現する．

引数を 1 個以上持つ述語は，量化記号を伴って意味を持つ．

$(\forall x)P(x)$：意味「任意の x に対し $P(x)$」

$(\exists x)P(x)$：意味「ある x に対し $P(x)$」

$(\forall x)(\exists y)(P(x) \to Q(y))$：意味「任意の x に対しある y が存在し $P(x) \to Q(y)$」

例題 3.1

「任意の x, y に対し，ある z が存在して $x + z = y$ が成り立つ」を表す論理式を書け．

解答

$(\forall x)(\forall y)(\exists z)x + z = y$

3.2.2 必要条件と十分条件

$(\forall x)(P(x) \to Q(x))$ が真であるとき $P(x) \Rightarrow Q(x)$ とも書くことができ，$P(x)$ は $Q(x)$ の**十分条件** (sufficient condition) といい，$Q(x)$ は $P(x)$ の**必要条件** (necessary condition) という．また，$(\forall x)(P(x) \leftrightarrow Q(x))$

[1] 論理変数とは限らず，数学一般で用いられるどのような変数でも良い．

図 3.6　必要条件と十分条件の解説

が真であるとき $P(x) \Leftrightarrow Q(x)$ とも書くことができ，$P(x)$ は $Q(x)$ の（そして $Q(x)$ は $P(x)$ の）**必要十分条件** (**necessary and sufficient condition**) という（図 3.6）.

3.2.3 量化記号の順序

一般に以下の関係が成り立つ.

$$(\forall x)(\forall y)P(x,y) = (\forall y)(\forall x)P(x,y) \tag{3.13}$$

$$(\exists x)(\exists y)P(x,y) = (\exists y)(\exists x)P(x,y) \tag{3.14}$$

「$(\forall x)(\forall y)\sim$」は，言い換えれば「すべての (x, y) の組合せに対して〜」といっており，「$(\exists x)(\exists y)\sim$」は，言い換えれば「〜である (x, y) が一組でも存在すればよい」といっているのだから，いずれにしても x と y の順番は関係ない（すなわち交換律が成り立つ）．

このことから，

- $(\forall x_1)(\forall x_2)\cdots(\forall x_n)$ は $(\forall x_1, x_2, \ldots x_n)$ のように，
- $(\exists x_1)(\exists x_2)\cdots(\exists x_n)$ は $(\exists x_1, x_2, \ldots x_n)$ のように，

記述することができる．

例題 3.2

普遍集合を $\mathbb{Z}$ とする．以下の各々の論理式が真か偽か判定せよ．

(1) $(\forall x)(\forall y)(x + y = 0)$
(2) $(\forall x)(\exists y)(x + y = 0)$
(3) $(\exists x)(\forall y)(x + y = 0)$
(4) $(\exists x)(\exists y)(x + y = 0)$
(5) $(\forall x)(\forall y)(xy = 0)$
(6) $(\forall x)(\exists y)(xy = 0)$
(7) $(\exists x)(\forall y)(xy = 0)$
(8) $(\exists x)(\exists y)(xy = 0)$

解答

(1) 偽　(2) 真　(3) 偽　(4) 真
(5) 偽　(6) 真　(7) 真　(8) 真

解説

まず $\forall$ と $\exists$ で比較すると，$\forall$ は「すべての〜」で後ろの条件を成立させねばならないのに対し，$\exists$ は後ろの条件を満足する「ある〜」がたった一つでも存在すれば良いのだから，$\forall$ で真ならば $\exists$ では必ず真になる．

次に $(\forall x)(\exists y)$ と $(\exists y)(\forall x)$ の違いだが，前者は「どんな x に対しても，（その x に対して決まる）y が存在して」後ろの条件が満たされる，すなわち y は x の関数で良い（だから y は $y(x)$ と記述しても良い）．一方後者は「ある y が存在して，すべての x に対して」後ろの条件が満たされる，ということは，その y はすべての x に対して通用する万能の y である必要がある（つまり y は x によって変化させることはできない）．したがって後者のほうが条

件が厳しい．よって $(\exists y)(\forall x)$ が真ならば $(\forall x)(\exists y)$ も必ず真になる．

以上から，真になりやすい順番に並べると

$$(\exists x)(\exists y),\ (\forall x)(\exists y),\ (\exists y)(\forall x),\ (\forall x)(\forall y)$$

となる．なお，式 (3.13) と (3.14) で示したように $(\exists x)(\exists y)$ と $(\exists y)(\exists x)$，$(\forall x)(\forall y)$ と $(\forall y)(\forall x)$ はそれぞれ同じ意味である．

重要 3.1

一般に以下が成り立つ．

$$\neg(\forall x)P(x) = (\exists x)\neg P(x) \tag{3.15}$$

$$\neg(\exists x)P(x) = (\forall x)\neg P(x) \tag{3.16}$$

式 (3.15) は「『任意の x について $P(x)$ である』の否定は『ある x について $P(x)$ でない』」を意味し，式 (3.16) は「『ある x について $P(x)$ である』の否定は『任意の x について $P(x)$ でない』」を意味する．この両者は極めて重要であり，実に多くの論証で用いられる（図 3.7）．

述語論理式の否定

普遍集合：子猫の集合
$A(x)$：「x は起きている」
$\neg A(x)$：「x は寝ている」
とする

$\neg(\forall x)A(x)$：「『すべての子猫が起きている』というわけではない」
$=(\exists x)\neg A(x)$：「寝ている子猫もいる」

$(\forall x)A(x)$ の否定は $(\exists x)\neg A(x)$
$(\exists x)A(x)$ の否定は $(\forall x)\neg A(x)$
このことは上の例のように
日常的に使っているにゃ。

図 3.7 述語論理式の否定

練習問題 3.3 普遍集合を $\mathbb{Z}$ とし，$N(x)$ を「x は非負整数」，$E(x)$ を「x は偶数」，$O(x)$ を「x は奇数」，$P(x)$ を「x は素数」とする．以下の命題を表す論理式を書け．

(1) 任意の整数は偶数または奇数である．

(2) 任意の素数は負でない．

(3) 偶数の素数が存在する．

(4) 「任意の素数は奇数である」は正しくない．

練習問題 3.4 普遍集合を $\mathbb{Z}$ とし，「$x - y = z$」を $P(x, y, z)$ と表現する．以下の論理式を P を使って書け．

(1) 任意の x, y に対し $x - y = z$ を満たす z が存在する．

(2) 任意の x, y に対し $x - z = y$ を満たす z が存在する．

(3) ある x が存在し，任意の y に対し $y - x = y$ である．

(4) 任意の整数から 0 を引いた結果は元の整数である．

コラム

対偶はちょっと面白い

「対偶の真偽は元の命題のと同じである」ということは日常生活でも普通に使っている．例えば「俺が社長になっていたらこの会社は潰れなかった」というのは「この会社が潰れてしまったのは俺が社長にならなかったからだ」と同じ意味だろう．しかし，対偶は気をつけて作らないと，時に変なことが起きる．例えば，

命題 A：「お腹が空いたらご飯を食べる」

というのは正しい発言だが，これの対偶をとって

命題 B：「ご飯を食べないとお腹が空かない」

としてしまうと，どう見ても元の命題とは違うものになってしまっている．

この原因は対偶の作り方が間違っていることにある．命題 A を $\alpha \to \beta$ の形で正確に記述すると

命題 α：「お腹が空いている」
命題 β：「ご飯を食べている」

となる．したがってこれの対偶は

命題 $(\neg\beta \to \neg\alpha)$：「ご飯を食べていないならば，お腹が空いていない」

とするのが正しく，これならば命題 A と同じ意味である．

他にも「ヘンペルの鳥」という対偶に関係する面白い話もある．興味のある人は調べてみると良いだろう．

対応と写像

——ここを押さえておかないと道に迷う

「対応」とか「写像」の定義は知っていますか？

いざ定義を聞かれると悩みますね。

正確な定義を把握せずに用語を使用するのは方位磁石を持たずにエルサレムをうろつくようなものです。

苦労したことがあるんですね… (^^;

本章で学ぶ「対応」と「写像」，次章で学ぶ「関係」の三つは類似しているが，その区別は単純かつ明確であるので把握しておこう．「写像」は別名「関数」ともいい[1]，数学ではお馴染みの概念であろう．特に「全射」と「単射」は理解して使いこなせるようにしておきたい．

[1] 通常，数から数への写像の場合に特に関数という．

4.1 集合の直積

集合 A と B の**直積 (direct product)**[2] を

$$A \times B \stackrel{\text{def}}{=} \{\langle a, b \rangle \mid a \in A,\ b \in B\} \tag{4.1}$$

と定義する.

例 4.1

$A = \{a_1, a_2, a_3\}$, $B = \{b_1, b_2\}$ のとき

$$A \times B = \{\langle a_1, b_1 \rangle, \langle a_1, b_2 \rangle, \langle a_2, b_1 \rangle, \langle a_2, b_2 \rangle, \langle a_3, b_1 \rangle, \langle a_3, b_2 \rangle\}$$

である（図 4.1).

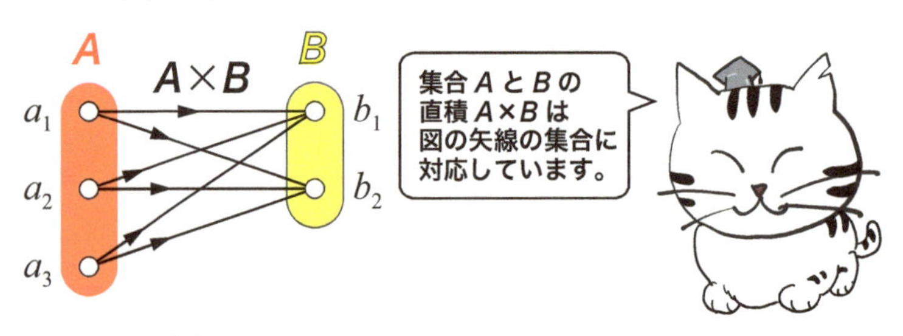

図 4.1 集合 A と B の直積 $A \times B$ のイメージ

同様に n 個の集合 $A_1, A_2, \ldots, A_n$ に対し,

$$\begin{aligned} &A_1 \times A_2 \times \cdots \times A_n \\ &\stackrel{\text{def}}{=} \{\langle a_1, a_2, \ldots, a_n \rangle \mid a_1 \in A_1,\ a_2 \in A_2, \ldots,\ a_n \in A_n\} \end{aligned} \tag{4.2}$$

と定義する. $\langle a_1, a_2, \ldots, a_n \rangle$ は誤解の恐れのない場合には

$$a_1 a_2 \cdots a_n$$

などと表記しても良い.

同じ集合 A の n 個の直積を A^n と書く. すなわち

[2] デカルト積 (Cartesian product) ともいう.

$$A^n \stackrel{\text{def}}{=} \underbrace{A \times \cdots \times A}_{n\,個} \tag{4.3}$$

である（図 4.2）.

上の定義では A^n は n が正整数でのみ定義されるが，便宜上 A^0 も考え，その唯一の要素を λ で表す．この λ は長さ 0 の文字列と考えることができ，**空語** (empty word) あるいは**空列** (empty string) などと呼ばれる．数字における 0，集合における $\emptyset$ に相当するものである（図 4.3）.

また，以下の集合を定義する．

$$A^* \stackrel{\text{def}}{=} \bigcup_{n=0}^{\infty} A^n \tag{4.4}$$

図 4.2　A^n の解釈

図 4.3　空語とは

$$A^+ \overset{\text{def}}{=} \bigcup_{n=1}^{\infty} A^n \tag{4.5}$$

定義から $A^* = A^+ \cup \{\lambda\}$ である．

例題 4.1

$\{a,b\}^3$ および $\{a,b\}^*$ を求めよ．

解答

$$\begin{aligned}\{a,b\}^3 &= \{aaa, aab, aba, abb, baa, bab, bba, bbb\} \\ \{a,b\}^* &= \{\lambda, a, b, aa, ab, ba, bb, aaa, aab, \ldots\}\end{aligned}$$

4.2 対応

集合 A から集合 B への**対応** (**correspondence**) とは $A \times B$ の部分集合のことである．

A から B への対応を

$$R : A \to B \tag{4.6}$$

と書く．

対応 $R : A \to B$ の**逆対応** (**inverse correspondence**) $R^{-1} : B \to A$ を

$$R^{-1} \overset{\text{def}}{=} \{\langle b,a\rangle \mid \langle a,b\rangle \in R\} \tag{4.7}$$

と定義する．

二つの対応 $R : A \to B$ と $S : B \to C$ に対し，R と S の**合成対応** (**composite correspondence**) $S \circ R : A \to C$ を

$$S \circ R \overset{\text{def}}{=} \{\langle a,c\rangle \mid (\exists b \in B)(\langle a,b\rangle \in R \land \langle b,c\rangle \in S)\} \tag{4.8}$$

と定義する（図 4.4）．

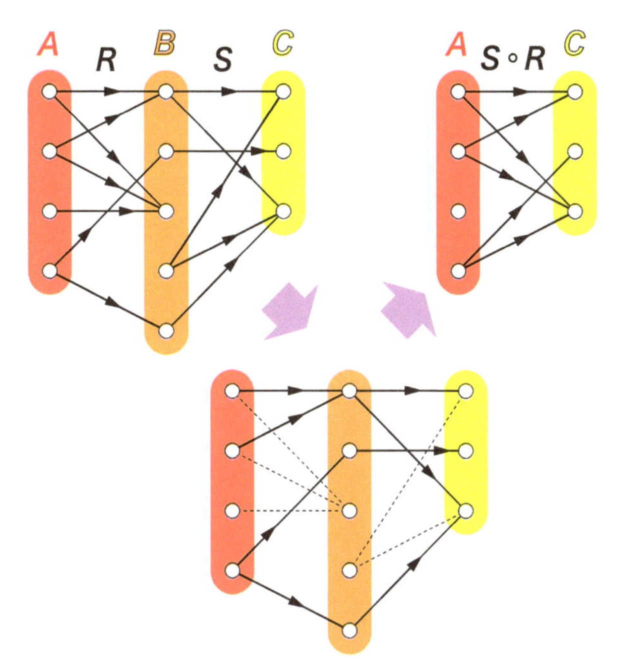

図 4.4　対応 $R : A \to B$ と $S : B \to C$ の合成対応 $S \circ R : A \to C$

注意 4.1

$S \circ R$ は R，S の順に適用する．

$S \circ R$ は，誤解の恐れのない場合には単に SR と書いても良い．

例題 4.2（結合律）

$R : A \to B, S : B \to C, T : C \to D$ を対応とする．このとき，結合律

$$T \circ (S \circ R) = (T \circ S) \circ R \tag{4.9}$$

が成り立つことを証明せよ．

解答

$$\begin{aligned}
T \circ (S \circ R) &= \{\langle a, d\rangle \mid (\exists c \in C)(\langle a, c\rangle \in S \circ R \wedge \langle c, d\rangle \in T)\} \\
&= \{\langle a, d\rangle \mid (\exists c \in C)((\exists b \in B)(\langle a, b\rangle \in R \wedge \langle b, c\rangle \in S) \wedge \langle c, d\rangle \in T)\} \\
&= \{\langle a, d\rangle \mid (\exists c \in C)(\exists b \in B)(\langle a, b\rangle \in R \wedge \langle b, c\rangle \in S \wedge \langle c, d\rangle \in T)\}
\end{aligned}$$

$$= \{\langle a,d\rangle \mid (\exists b \in B)((\exists c \in C)(\langle b,c\rangle \in S) \wedge \langle c,d\rangle \in T) \wedge \langle a,b\rangle \in R)\}$$
$$= \{\langle a,d\rangle \mid (\exists b \in B)(\langle b,d\rangle \in T \circ S \wedge \langle a,b\rangle \in R)\}$$
$$= (T \circ S) \circ R$$

4.3 写像

4.3.1 写像の定義

任意の対応 $R : A \to B$ と任意の $a \in A$ に対し,

$$R(a) \stackrel{\text{def}}{=} \{b \in B \mid \langle a,b\rangle \in R\} \tag{4.10}$$

とする.また,任意の $A' \subseteq A$ に対し,

$$R(A') \stackrel{\text{def}}{=} \bigcup_{a \in A'} R(a) \tag{4.11}$$

とする.任意の $a \in A$ に対し $|R(a)| = 1$ のときは**写像 (mapping)** といい,$|R(a)| \leq 1$ のとき,R を**部分写像 (partial mapping)**(図 4.5)という.写像のことを**関数 (function)** ともいう[3].

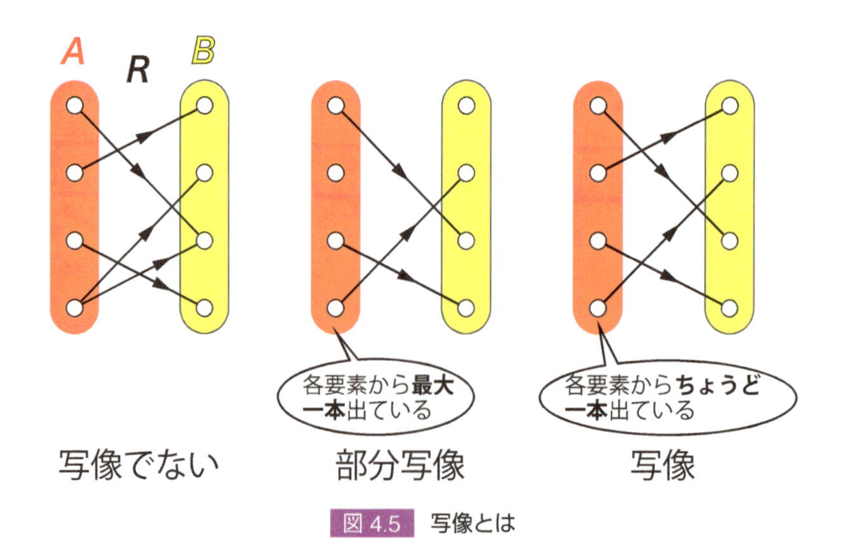

図 4.5 写像とは

[3] 数を扱う場合に関数といい,それ以外を扱う場合に写像というのが普通である.

すなわち，写像とは $a \in A$ が決まれば $R(a)$ の要素が唯一に決まることを意味する．写像の場合は，一般の対応と区別する意味で $f: X \to Y$ のように小文字を用いることが多い [4]．さらに写像 f について，$\langle x, y \rangle \in f$ である場合，x に対してこのような y は唯一であるので，$f(x) = \{y\}$ とせずに，$f(x) = y$ と，要素そのものを意味することにする．

集合 X に対し，X から X 自身への写像

$$I_X \stackrel{\text{def}}{=} \{\langle x, x \rangle \mid x \in X\} \tag{4.12}$$

を X に対する**恒等写像 (identity mapping)** もしくは**恒等関数 (identity function)** という．I_X は X が明らかな場合や明示する必要がない場合などは単に I と表記することもある．

写像 $f: X \to Y$ と $g: Y \to Z$ に対し，$g \circ f: X \to Z$ を**合成写像 (composite mapping)** という．定義から

$$g \circ f(x) = g(f(x)) \tag{4.13}$$

となる．

4.3.2 全射と単射と全単射

写像 $f: X \to Y$ は

$$(\forall y \in Y)(\exists x \in X)(f(x) = y) \tag{4.14}$$

のとき**全射 (surjection)** であるといい，

$$(\forall x, x' \in X)(f(x) = f(x') \to x = x') \tag{4.15}$$

のとき**単射 (injection)** であるという．全射かつ単射であるものを**全単射 (bijection)** という（図 4.6）．全単射のことを**一対一対応 (one-to-one correspondence)** ともいう．

写像は対応でもあるので逆対応（式 (4.7)）を定義することができる．写像 f の逆対応が写像であるとき，**逆写像 (inverse mapping)** という．

---

[4] f は function（関数）の頭文字である．

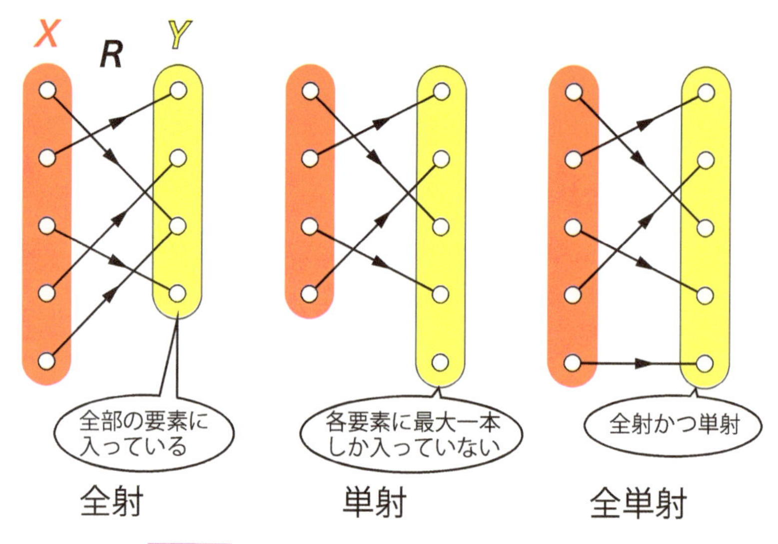

図 4.6　全射（左）と単射（中）と全単射（右）

例題 4.3

写像 f に逆写像が存在する必要十分条件は f が全単射であることを示せ．

解答

(1) 写像 $f : X \to Y$ の逆対応 $f^{-1} : Y \to X$ が写像でないと仮定する．すなわち，

$$(\exists y \in Y)(|f^{-1}(y)| \neq 1) \tag{4.16}$$

が成り立つ．

$|f^{-1}(y)| = 0$ の場合，$\langle y, x \rangle \in f^{-1}$ となる $x \in X$ が存在しないということであり，これは $\langle x, y \rangle \in f$ となる $x \in X$ が存在しないということでもある．よって f は全射でない．

$|f^{-1}(y)| \geq 2$ の場合，ある異なる $x, x' \in X$ に対して $\langle y, x \rangle, \langle y, x' \rangle \in f^{-1}$ となるので，これは $\langle x, y \rangle, \langle x', y \rangle \in f$ となり，f は単射ではない．

よっていずれの場合も f は全単射ではない．

(2) f は全単射ではないと仮定する．まず全射でないとする．すなわち次が成り立つ．

$$(\exists y \in Y)(\forall x \in X)\neg(f(x) = y) \tag{4.17}$$

これは $\{x \in X \mid \langle x, y \rangle \in f\} = \emptyset$ を意味し，よって

$$\{x \in X \mid \langle y, x \rangle \in f^{-1}\} = \emptyset \tag{4.18}$$

である．すなわち $|f^{-1}(y)| = 0$ であるので，f^{-1} は写像ではない．

次に f は単射ではないとする．すなわち次が成り立つ．

$$(\exists x, x' \in X)(f(x) = f(x') \wedge x \neq x') \tag{4.19}$$

$f(x) = f(x') = y$ とすると，$x, x' \in f^{-1}(y)$ となるので $|f^{-1}(y)| \geq 2$ であり，f^{-1} は写像ではない．

よっていずれの場合も f^{-1} は写像ではない．

以上の議論から必要十分性が証明された．

例題 4.4

以下の写像は全射，単射，全単射のどの性質が成り立つか．また，全単射の場合は逆写像も求めよ．

(1) $f : \mathbb{R} \to \mathbb{R}$, $f(x) = x$
(2) $f : \mathbb{R} \to \mathbb{R}^+$, $f(x) = 2^x$
(3) $f : \mathbb{Z}_0^+ \to \mathbb{Z}_0^+$, $f(x) = 2x + 1$
(4) $f : \mathbb{Z} \to \mathbb{Z}_0^+$, $f(x) = |x|$

解答

(1) 全単射, $f^{-1}(x) = x$
(2) 全単射, $f^{-1}(x) = \log_2 x$
(3) 単射
(4) 全射

例題 4.5

写像 f, g がともに単射ならば，$g \circ f$ も単射であることを示せ．

解答

$f : X \to Y$, $g : Y \to Z$ とする．ある $x, x' \in X$ に対して $g \circ f(x) = g \circ f(x')$ と仮定する．

$g \circ f(x) = g(f(x))$, $g \circ f(x') = g(f(x'))$ より $g(f(x)) = g(f(x'))$ である．ここで g は単射なので $f(x) = f(x')$ である．ここで f は単射なので

$x = x'$ である．

したがって

$$g \circ f(x) = g \circ f(x') \Rightarrow x = x'$$

となり，$g \circ f$ は単射である．

練習問題 4.1 写像 f, g に対し，$g \circ f$ が単射であるならば，f も単射であることを示せ．

練習問題 4.2 写像 f, g に対し，$g \circ f$ が単射でありながら g が単射でない例を示せ．

練習問題 4.3 写像 f, g に対し，$g \circ f$ が単射かつ f が全射であるならば，g は単射であることを示せ．

練習問題 4.4 写像 f, g がともに全射ならば，$g \circ f$ も全射であることを示せ．

練習問題 4.5 写像 f, g に対し，$g \circ f$ が全単射ならば，f は単射で g は全射であることを示せ．

練習問題 4.6 全射 $f : X \to Y$ と写像 $g : Y \to Z$ と写像 $h : Y \to Z$ に対し，$g \circ f = h \circ f$ ならば $g = h$ であることを示せ．

関係
――「恋人」も「ライバル」も「親の仇」もすべて「関係」だ

「関係」とは日常用語としての「関係」の数学的抽象化である．「どんな関係であるか」ということは無視して，「関係があるかないか」だけに絞ったシンプルな定義でありながら，これを導入することで数学の適用範囲が劇的に広がる．数の間の大小関係も関係の一種だし，第 8 章で登場するグラフは関係を図式化したものである．

関係の中で特に重要なものに「半順序」と「同値関係」がある．前者は数字の大小関係を含み，後者は図形の合同関係や相似を含む．本章の内容は，いろいろ考えだすと止まらない，数学好きには堪（こた）えられないものである．

5.1 関係の基本

集合 A に対し直積 $A \times A$ の部分集合を A 上の**関係 (relation)** という．すなわち，A 上の関係とは A から A への対応のことである．

$R \subseteq A \times A$ とする．$a, b \in A$ に対し，

$\langle a, b \rangle \in R$ のとき a と b は R の関係にあるといい，aRb または $R(a, b)$ などと書く．

また，

$\langle a, b \rangle \notin R$ のとき a と b は R の関係にないといい，$a \not{R} b$ または $\neg(aRb)$ などと書く．

R を集合 A 上の関係とするとき，以下の規則を定義する（図 5.1～5.4）．

(i) **反射律 (reflexive law)**　$(\forall a \in A)(aRa)$

(ii) **対称律 (symmetric law)**　$(\forall a, b \in A)(aRb \to bRa)$

(iii) **推移律 (transitive law)**　$(\forall a, b, c \in A)(aRb \land bRc \to aRc)$

(iv) **反対称律 (antisymmetric law)**　$(\forall a, b \in A)(aRb \land bRa \to a = b)$

例 5.1

(i) 反射律：

図 5.1　反射律

- 反射律を満たす関係：同級生[1]，同居，$a \leq b$，積が非負（普遍集合が実数全体），a/b は整数（普遍集合が正実数全体）など．
- 反射律を満たさない関係：下級生，別居，$a < b$，積が非負（普遍集合が複素数全体）[2] など．

[1] 普通の日本語とは少々違うが，「自分と自分は同級生である」といって良いことにする．

(ii) 対称律：

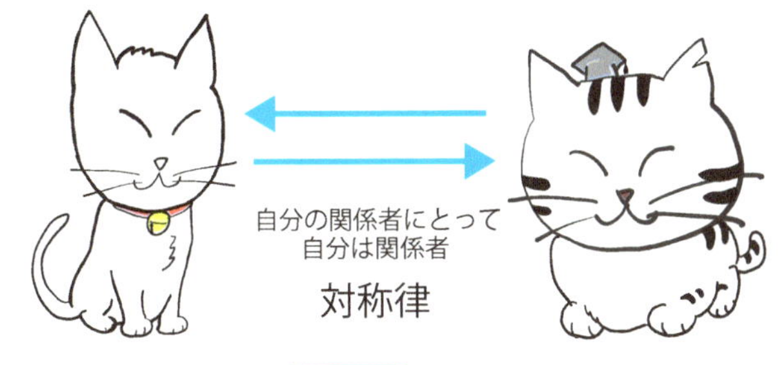

図 5.2 対称律

- 対称律を満たす関係：同級生，同居，別居，$a = b$，積が××× （×××はなんでも良い）[3] など．
- 対称律を満たさない関係：下級生，$a \leq b$，a/b は整数（普遍集合が正整数全体）[4] など．

(iii) 推移律

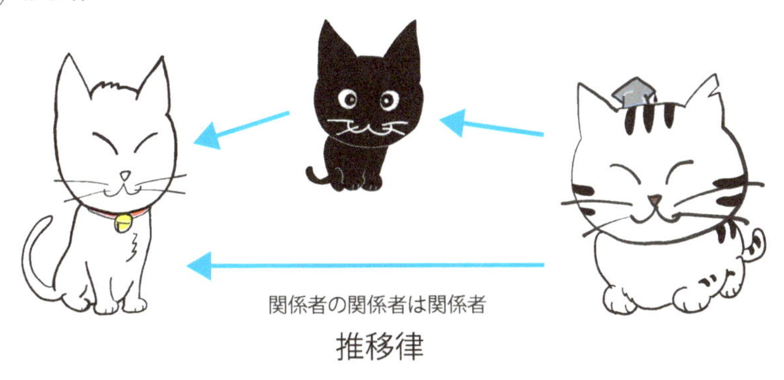

図 5.3 推移律

- 推移律を満たす関係：同級生，下級生，同居，$a \leq b$，$a < b$，$a = b$，積が正（普遍集合が実数全体）など．
- 推移律を満たさない関係：別居 [5]，$a \neq b$，積が 0（普遍集合が整数全体）[6] など [7]．

---

[2] なお，普遍集合が複素数全体の場合，実数のように自分自身との積が非負となる数も存在するが，そうでない数（例えば虚数単位 i）も存在するので「反射律は成立しない」といえる．

[3] 積の演算は交換律が成り立つので，$ab = ba$ が常に成り立つことより．

[4] 例えば 2/1 は整数だが，1/2 は整数でない．

[5] A と C が同居して，B がその二人と別居している場合，A と B は別居で B と C も別居だが，A と C は別居でない．

(iv) 反対称律

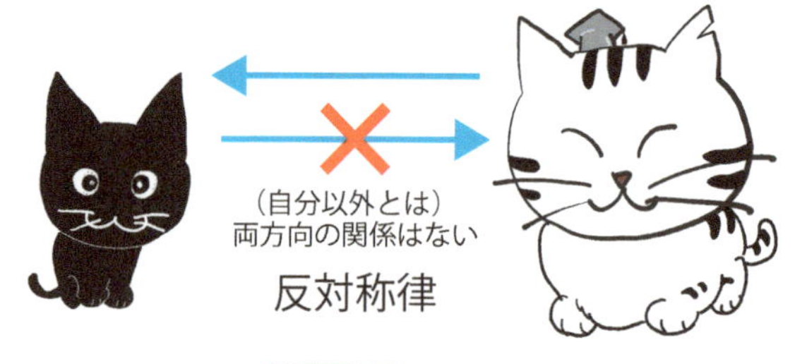

図 5.4　反対称律

- 反対称律を満たす関係：下級生 [8]，$a \leq b$，$a < b$[9]，$a = b$[10] など．
- 反対称律を満たさない関係：別居，同級生 [11]，同居，$a \neq b$，積が 0（普遍集合を整数全体とする）など．

R が反射律を満たすとき，R は**反射的**であるなどという．これは他の規則（推移律，対称律，反対称律など）の場合にも用いる．

命題 5.1

以下の条件 (1)〜(4) は集合 A 上の関係 R が，それぞれ，反射的，対称的，推移的，反対称的であるための必要十分条件である．

(1) $I_A \subseteq R$

(2) $R \subseteq R^{-1}$

(3) $R \circ R \subseteq R$

(4) $R \cap R^{-1} \subseteq I_A$

---

[6] 例えば $1 \times 0 = 0$ かつ $0 \times 2 = 0$ だが $1 \times 2 \neq 0$ である．

[7] 兄弟という関係も実は推移律を満たさない．男 A と C，女 B と D がいて，男 A と女 B の間に子 a が生まれ，女 B と男 C の間に子 b が生まれ，男 C と女 D の間に子 c が生まれた場合，a と b，b と c はそれぞれ兄弟だが，a と c は兄弟ではない（頓智のような設定なので本文には書かず脚注に書くに留めておいた）．

[8] 「A が B の下級生でかつ B が A の下級生でもある」ということはあり得ない．したがって前提が偽なので，命題としては真となる（第 3 章参照）．

[9] 「下級生」の理屈と同じ．

[10] 「『$a = b$ かつ $b = a$』ならば $a = b$ である．」こう書くと馬鹿馬鹿しいが，これは確かに成立している．

[11] A と B が同級生でかつ B と A が同級生であっても，A と B が同一人物であるとはいえない．

証明

(1) $I_A = \{\langle a,a\rangle \mid a \in A\}$ であるので，$I_A \subseteq R$ ならば明らかに反射的である．

また，$(\forall a \in A)(aRa)$ ならば $I_A \subseteq R$ も明らか．

(2) $R \subseteq R^{-1}$ と仮定する．R の任意の要素を $\langle a,b\rangle$ とすると，$\langle a,b\rangle \in R \subseteq R^{-1}$ より $\langle a,b\rangle \in R^{-1}$ となる．すると R^{-1} の定義より $\langle b,a\rangle \in R$ でなければならない．以上から $\langle a,b\rangle \in R \to \langle b,a\rangle \in R$ となり，R は対称的である．

次に，R が対称的であると仮定する．R の任意の要素を $\langle a,b\rangle$ とすると，R は対称的であるので $\langle b,a\rangle \in R$ である．すると R^{-1} の定義より $\langle a,b\rangle \in R^{-1}$ でなければならない．以上から，$\langle a,b\rangle \in R \to \langle a,b\rangle \in R^{-1}$ となり，$R \subseteq R^{-1}$ が得られる．

(3) $R \circ R \subseteq R$ と仮定する．したがって，任意の $a,b,c \in A$ に対し $\langle a,b\rangle, \langle b,c\rangle \in R \to \langle a,c\rangle \in R \circ R \subseteq R$ であり，R は推移的である．

次に，R は推移的であると仮定する．もし $R \circ R \not\subseteq R$ であるならば $\langle a,b\rangle, \langle b,c\rangle \in R$ かつ $\langle a,c\rangle \notin R$ である $a,b,c \in A$ が存在することになるが，これは推移律に反する．よって $R \circ R \subseteq R$ でなければならない．

(4) R が反対称的でないと仮定する．すなわち，$\exists a,b \in A, a \neq b$ に対し $\langle a,b\rangle, \langle b,a\rangle \in R$ である．したがって $\langle b,a\rangle, \langle a,b\rangle \in R^{-1}$ である．よって $\langle a,b\rangle, \langle b,a\rangle \in R \cap R^{-1}$ となるが，$a \neq b$ より $\langle a,b\rangle \notin I_A$ であるので，$R \cap R^{-1} \not\subseteq I_A$ を得る．

次に，$R \cap R^{-1} \not\subseteq I_A$ と仮定する．すなわち，$\langle a,b\rangle \in R \cap R^{-1}$ であり $a \neq b$ である $a,b \in A$ が存在する．$\langle a,b\rangle \in R^{-1}$ より $\langle b,a\rangle \in R$ である．すなわち $\langle a,b\rangle, \langle b,a\rangle \in R$ となり，$a \neq b$ なので反対称律に反する． ■

5.2 半順序

以下の三つを満たす関係を**半順序 (partial order)** という（図 5.5）．

- 反射律

半順序

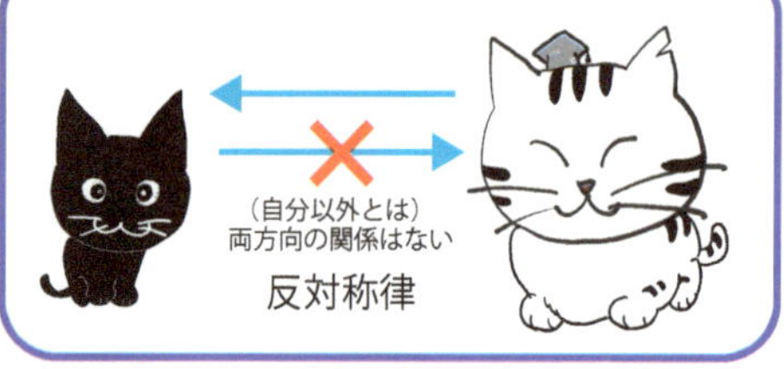

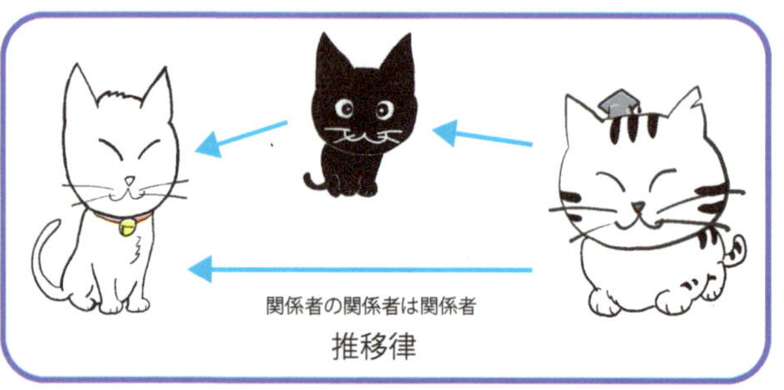

図 5.5　反射律・推移律・反対称律の三つを満たす関係を半順序という

- 推移律
- 反対称律

一般に半順序は記号 $\preceq$ を用いて表すことが多い．集合 A 上の半順序 $\preceq$ が次の条件

$$\textbf{比較可能性}\quad (\forall a, b \in A)(a \preceq b \lor b \preceq a)$$

を満たすとき，**全順序** (**total order**) または**線形順序** (**linear order**) という．

参考 5.1

数字の大小関係 $\leq$ は典型的な全順序である [12]．では，全順序ではない半順序にはどんなものがあるだろうか？

例えば，$\mathbb{Z}^+$ 上の関係

$$n|m \overset{\text{def}}{\Leftrightarrow} (\exists k \in \mathbb{Z}^+)(m = kn)$$

は，「n は m の約数」を意味する．この関係 $|$ は半順序であり，全順序ではない．

例題 5.1

参考 5.1 で定義した関係 $|$ が半順序であり全順序でないことを証明せよ．

解答

反射律，推移律，反対称律を満たし，比較可能性を満たさないことを証明すれば良い．

- 反射律：任意の $n \in \mathbb{Z}^+$ に対し，$n = 1 \cdot n$ であるので，$n|n$ であり，反射律が成り立つ．
- 推移律：$n|m$ かつ $m|\ell$ と仮定する．すなわち $\exists k, h \in \mathbb{Z}^+$ で $m = kn$ かつ $\ell = hm$ である．したがって $\ell = (kh)n$ であり，$kh \in \mathbb{Z}^+$ であるので，$n|\ell$ となり，推移律が成り立つ．
- 反対称律：$n|m$ かつ $m|n$ と仮定する．すなわち $\exists k, h \in \mathbb{Z}^+$ で $m = kn$ かつ $n = hm$ である．したがって $n = khn$ となるため，$kh = 1$ となるが，これが成り立つためには $k = h = 1$ でなければならない．よって $n = m$ を得るので，反対称律が成り立つ．
- 比較可能性（を満たさないこと）：例えば $2, 3 \in \mathbb{Z}^+$ は $2 \nmid 3$ かつ $3 \nmid 2$ であるので，比較可能性を満たさない．

図 5.6　半順序は比較できない対の存在を許す

練習問題 5.1　集合 A に対し，2^A 上の関係 $\subseteq$ が半順序であることを証明せよ．また A の要素数が 2 以上であるならば $\subseteq$ は全順序ではないことを証明せよ．

練習問題 5.2　全順序でない半順序を他にもいろいろ考えてみよ（図 5.7）．

[12] なぜならば，(1) 反射律 $a \leq a$，(2) 推移律 $a \leq b \wedge b \leq c \rightarrow a \leq c$，(3) 反対称律 $a \leq b \wedge b \leq a \rightarrow a = b$，(4) 比較可能性 $a \preceq b \vee b \preceq a$ が成り立つ．

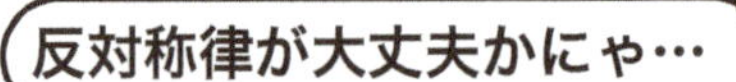

図 5.7 全順序でない半順序

R が集合 A 上の半順序であるとき，A と R を対にした (A, R) を**半順序集合 (partially ordered set; poset)** という．半順序を表すのに $\preceq$ を用いることで，半順序集合は $(A, \preceq)$ などと表現されることもある．また，$\preceq$ を省略して半順序集合を A のみで表現することもある．半順序集合はその半順序が全順序であるとき，**全順序集合 (totally ordered set)** または**線形順序集合 (linearly ordered set)** などともいう．

関係 $\prec$ を

$$a \prec b \overset{\text{def}}{\Leftrightarrow} a \preceq b \land a \neq b$$

と定める．

例 題 5.2

$\mathbb{Z}$ 上の関係で，反射律，推移律，反対称律のうち，一部だけ満たす関係の例を挙げよ．

解 答

- 反射律 ◯，推移律 ◯，反対称律 $\times$ の例：
  - $R_{110\text{-}1} = \{\langle a, b\rangle \mid a - b$ は偶数 $\}$
  - $R_{110\text{-}2} = \{\langle a, b\rangle \mid a, b \in \mathbb{Z}\}$
- 反射律 ◯，推移律 $\times$，反対称律 ◯ の例：
  - $R_{101\text{-}1} = \{\langle a, b\rangle \mid 0 \leq a - b \leq 1\}$

・$R_{101\text{-}2} = \{\langle a,b\rangle \mid ab \geq 0 \land a \geq b\}$

- 反射律 ×，推移律 ○，反対称律 ○ の例：

  ・$R_{011\text{-}1} = \{\langle a,b\rangle \mid |a| = b\}$
  ・$R_{011\text{-}2} = \{\langle a,b\rangle \mid a \leq b \land ab \neq 0\}$
  ・$R_{011\text{-}3} = \{\langle a,b\rangle \mid a < b\}$

- 反射律 ○，推移律 ×，反対称律 × の例：

  ・$R_{100\text{-}1} = \{\langle a,b\rangle \mid |a-b| \leq 1\}$
  ・$R_{100\text{-}2} = \{\langle a,b\rangle \mid a-b$ が 0 または奇数 $\}$

- 反射律 ×，推移律 ○，反対称律 × の例：

  ・$R_{010\text{-}1} = \{\langle a,b\rangle \mid ab \neq 0\}$
  ・$R_{010\text{-}2} = \{\langle a,b\rangle \mid b \in \{0,1\}\}$

- 反射律 ×，推移律 ×，反対称律 ○ の例：

  ・$R_{001\text{-}1} = \{\langle a,b\rangle \mid 0 \leq a-b \leq 1 \land ab \neq 0\}$
  ・$R_{001\text{-}2} = \{\langle a,b\rangle \mid 0 < a-b \leq 1\}$

解説

- $R_{110\text{-}2}$ はすべての $\langle a,b\rangle$ の集合なので，反射律，推移律の成立と反対称律の不成立は明らか.
- $R_{101\text{-}2}$ では例えば $\langle 1,0\rangle, \langle 0,-1\rangle \in R_{101\text{-}2}$ だが $\langle 1,-1\rangle \notin R_{101\text{-}2}$ なので推移律は不成立.
- $R_{011\text{-}2}$ は $\langle 0,0\rangle \notin R_{011\text{-}2}$ なので反射律は不成立.
- $R_{011\text{-}3}$ は $a < b$ かつ $b < a$ となる a, b の対が存在しない．したがって反対称律を定義する論理式の前提の部分「$\langle a,b\rangle \in R_{011\text{-}3} \land \langle b,a\rangle \in R_{011\text{-}3}$」が偽となるため，その論理式は真となる [13].
- $R_{010\text{-}1}$ の反射律は $R_{011\text{-}2}$ と同じ理由.
- $R_{010\text{-}2}$ は $\langle 0,1\rangle \in R_{010\text{-}2} \land \langle 1,0\rangle \in R_{010\text{-}2}$ なので反対称律は不成立.
- $R_{001\text{-}1}$ の反射律は $R_{011\text{-}2}$ と同じ理由.
- $R_{001\text{-}2}$ の反対称律は $R_{011\text{-}3}$ と同じ理由.

[13] 論理式 $\alpha \to \beta$ の定義（43 ページ）参照.

図 5.8　いろいろな場合を考えることは良い頭の体操

例題 5.3

A を任意の集合とする．A 上の等号関係は半順序であることを示せ．

解答

反射律，推移律，反対称律を満たすことを証明すれば良い．

- 反射律：$(\forall a \in A)(a = a)$ より，成り立つ．
- 推移律：$(\forall a, b, c \in A)(a = b \land b = c \to a = c)$ より，成り立つ．
- 反対称律：$(\forall a, b \in A)(a = b \land b = a \to a = b)$ より，成り立つ．

以上から反射律，推移律，反対称律のすべてを満たすので，等号関係は半順序である．

5.3 ハッセ図

5.3.1 開区間と閉区間

$(A, \preceq)$ を半順序集合とし，$a \in A$ とする．

$$(a, \infty) \stackrel{\text{def}}{=} \{x \mid a \prec x\} \tag{5.1}$$

$$(-\infty, a) \stackrel{\text{def}}{=} \{x \mid x \prec a\} \tag{5.2}$$

$$[a, \infty) \stackrel{\text{def}}{=} \{x \mid a \preceq x\} \tag{5.3}$$

$$(-\infty, a] \stackrel{\text{def}}{=} \{x \mid x \preceq a\} \tag{5.4}$$

と定める（実数上の通常の大小関係 $\leq$ を半順序として見た場合の例を図 5.9 に掲げる）.

図 5.9　実数上で，通常の大小関係 $\leq$ を半順序として見た場合の (a, ∞), $(-\infty, a)$, $[a, \infty)$, $(-\infty, a]$ の例
直線は数直線であり，右の方が大きい（矢印がそれを表す）．白抜きの丸はその点を含まないことを，中塗りの丸はその点を含んでいることを表す．

さらに $a \prec b$ である $a, b \in A$ に対し

$$(a, b) \stackrel{\text{def}}{=} (a, \infty) \cap (-\infty, b) \tag{5.5}$$

$$(a, b] \stackrel{\text{def}}{=} (a, \infty) \cap (-\infty, b] \tag{5.6}$$

$$[a, b) \stackrel{\text{def}}{=} [a, \infty) \cap (-\infty, b) \tag{5.7}$$

$$[a, b] \stackrel{\text{def}}{=} [a, \infty) \cap (-\infty, b] \tag{5.8}$$

と定める（実数上の通常の大小関係 $\leq$ を半順序として見た場合の例を図 5.10 に掲げる）．(a, b) を**開区間 (open interval)**，$[a, b]$ を**閉区間 (closed interval)** という．

$a \prec b$ かつ $(a, b) = \emptyset$ のとき，a は b の**直前**，b は a の**直後**であるという．

図 5.10　実数上で，通常の大小関係 $\leq$ を半順序として見た場合の (a, b), $(a, b]$, $[a, b)$, $[a, b]$ の例

参考 5.2

例えば $(\mathbb{Z}, \leq)$ において任意の整数 x は $x+1$ の直前である．一方，$(\mathbb{Q}, \leq)$ においては，a が b の直前であるという関係にある a と b は存在しない．なぜならば $\frac{a+b}{2}$ もやはり有理数であり，a と b の間に存在するからである．

5.3.2 ハッセ図

半順序集合 $(A, \preceq)$ について，各要素 $a \in A$ と，a が b の直前である場合に a から b への矢印とで表現した図のことを**ハッセ図 (Hasse diagram)** という．なお，矢印の向きが明らかな場合には，矢印ではなく単なる線分で表記しても良い．

例として半順序集合 $(2^{\{a,b,c,d\}}, \subseteq)$ のハッセ図を図 5.11 に示す．ハッセ図

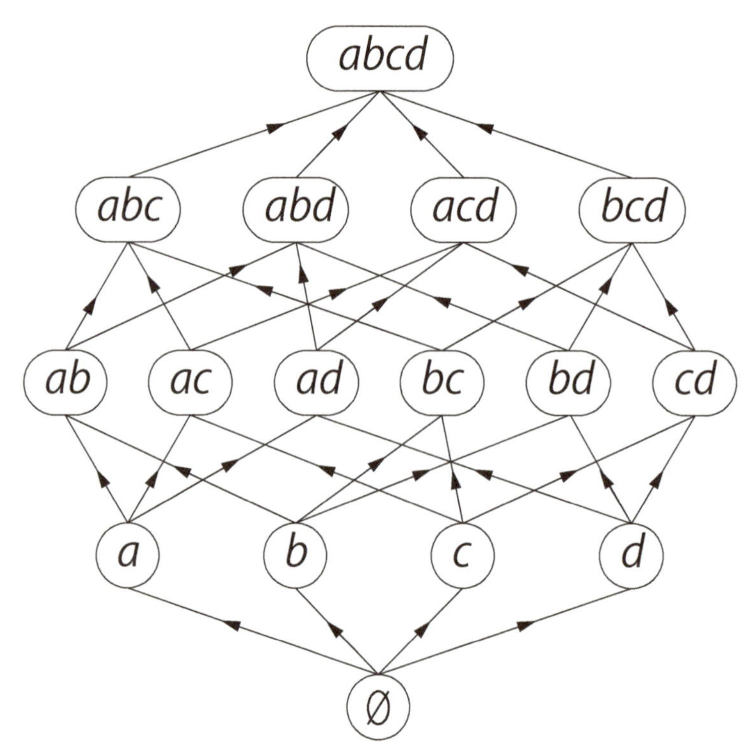

図 5.11　半順序集合 $(2^{\{a,b,c,d\}}, \subseteq)$ のハッセ図．枠中の「$abcd$」などは「$\emptyset$」を除いて「$\{a, b, c, d\}$」などの略記である．

では直前・直後の関係にある対の間にしか線を付与せず，**反射律によるものや，推移律によって説明できる順序関係には線を付与しない**．例えば図 5.11 の例では，反射律に該当する $\{a\} \subseteq \{a\}$ などの自分自身との間の関係は表記されないし，また，$\{a\} \subseteq \{a,b,c\}$ であるが，その関係は例えば $\{a\} \subseteq \{a,b\}$ と $\{a,b\} \subseteq \{a,b,c\}$ からの推移律で説明できるので，その間に線は付与しないのである[14]．

5.3.3 最大・最小と極大・極小など

$M \subseteq A$ とする．

- $M \subseteq (-\infty, a]$ ならば，a は M の**上界 (upper bound)** という．
- $M \subseteq [a, \infty)$ ならば，a は M の**下界 (lower bound)** という．
- M に上界が存在するならば，M は**上に有界 (bounded above)** という．
- M に下界が存在するならば，M は**下に有界 (bounded below)** という．
- $a \in M$ が M の上界ならば，a は M の**最大元 (maximum element)** といい，$a = \max M$ と書く．
- $a \in M$ が M の下界ならば，a は M の**最小元 (minimum element)** といい，$a = \min M$ と書く．
- $a \in M$ が $(\forall x \in M)(a \not\prec x)$ を満たすとき，a は M の**極大元 (maximal element)** という．
- $a \in M$ が $(\forall x \in M)(x \not\prec a)$ を満たすとき，a は M の**極小元 (minimal element)** という（図 5.12，5.13）．

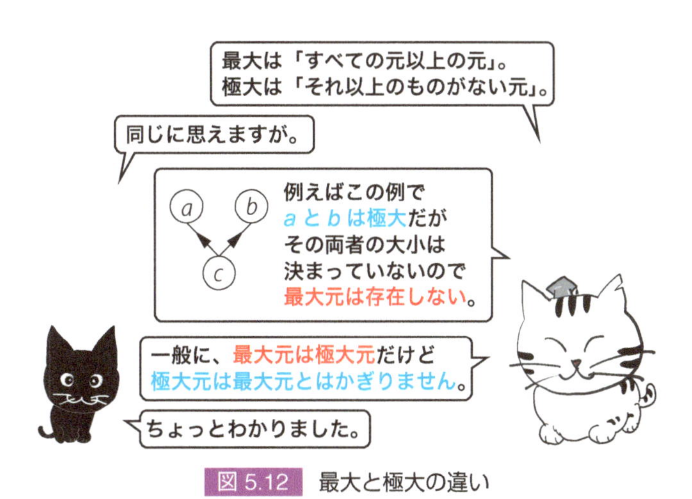

図 5.12 最大と極大の違い

[14] もしそういう対の間にも線を付したら，煩雑で見にくくなることは理解されよう．

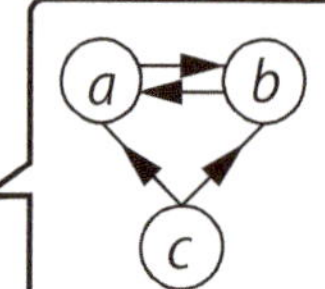

図 5.13　最大元は高々一つ

これを半順序集合 $(\{1,2,\ldots,12\},|\,)$ のハッセ図（図 5.14）を用いて説明する．

- $\{1,2,\ldots,12\}$ の極大元は 7, 8, 9, 10, 11, 12（の 6 つ）である．
- $\{1,2,\ldots,12\}$ の極小元は 1（ただ一つ）である．
- $\{1,2,\ldots,12\}$ の上界と最大元は存在しない．
- $\{1,2,\ldots,12\}$ の下界と最小元は 1 である．
- $\{4,6\}$ の上界は 12 で，下界は 1 と 2 である．
- $\{4,6\}$ の最大元と最小元は存在しない．

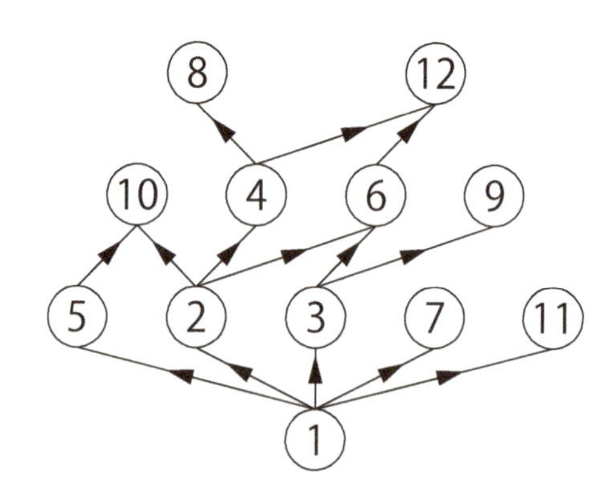

図 5.14　半順序集合 $(\{1,2,\ldots,12\},|\,)$ のハッセ図

例 題 5.4

任意の半順序集合 $(A,\preceq)$ と任意の $M\subseteq A$ に対し，M の最大元は二つ以上存在しないことを示せ．

解 答

a と b が M の最大元とする．定義より $b\in M\subseteq(-\infty,a]$ かつ $a\in M\subseteq(-\infty,b]$ である．したがって $b\preceq a\wedge a\preceq b$ となり，反対称律より $a=b$ である．

注 意 5.3

最大元や最小元が存在しないことはある．例えば 半順序集合 $(\mathbb{R},\leq)$ における $M=(0,1)=\{x\in\mathbb{R}\mid 0<x<1\}$ を考えよう．1 は M の上界であるが，$1\notin M$ であるので，最大元ではない．同様に 0 は M の下界であるが最小元ではない．

例 題 5.5

最大元は極大元であることを示せ．

解 答

$a\in M$ が M の極大元でないと仮定する．すなわち，$(\exists x\in M)(a\prec x)$ である．すると $x\notin(-\infty,a]$ であり，$M\not\subseteq(-\infty,a]$ となるので，a は最大元でない．

例 題 5.6

全順序において，極大元は最大元であることを示せ．

解 答

$a\in M$ が全順序 $\preceq$ において M の最大元でないと仮定する．すなわち $M\not\subseteq(-\infty,a]$ であり，このことは $(\exists x\in M)(x\notin(-\infty,a])$ を意味する．すなわち $x\not\preceq a$ である．$\preceq$ は全順序なので，$a\prec x$ でなければならない．よって $(\exists x\in M)(a\prec x)$ であり，a は極大元ではない．

例題 5.7

全順序集合 $(A, \preceq)$ において，$M \subseteq A$ が有限集合であり $M \neq \emptyset$ ならば M に最大元と最小元が存在することを示せ．

解答

$M \neq \emptyset$ に最大元が存在しないと仮定する．$\preceq$ が全順序であることから，例題 5.6 より，M には極大元も存在しない．M より任意の元を選び $a_1 \in M$ とする．a_1 は極大元ではないので，$a_1 \prec x$ である元 $x \in M$ が存在する．この x を a_2 と書くことにする．すると a_2 も極大元ではないので，やはり $a_2 \prec a_3$ である元 $a_3 \in M$ が存在する．

この議論を続けていくと，$\{a_1, a_2, a_3, \ldots\} \in M$ と M の元が無限に増え続けることになり，M が有限集合であることに反する．

最小元の存在も同様に証明できる．■

さらに，以下の記号を導入する．

- M の上界の集合を $M^{\uparrow}$，下界の集合を $M^{\downarrow}$ とする．
- $M^{\uparrow}$ の最小元を M の**上限 (supremum)** もしくは**最小上界 (least upper bound)** といい，$\sup M$ と書く．
- $M^{\downarrow}$ の最大元を M の**下限 (infimum)** もしくは**最大下界 (greatest lower bound)** といい，$\inf M$ と書く．

ここで図 5.14 の例を用いて上記の概念を説明しておく．

- $\{4, 6\}$ の上界と上限は 12 である．
- $\{4, 6\}$ の下界は 1 と 2 で，下限は 2 である．
- $\{2, 4, 6\}$ の上界と上限は 12 であり，最大元は存在しない．
- $\{2, 4, 6\}$ の下界は 1 と 2 で，最小元と下限は 2 である．
- $\{4, 6, 7\}$ の最大限と上界と上限は存在しない．
- $\{4, 6, 7\}$ の下界と下限は 1 であり，最小元は存在しない．

例題 5.8

M の最大元は M の上限でもあること，および M の最小元は M の下限でもあることを示せ．

解答

M の最大元を a とする．$a \in M$ であるので，任意の $b \in M^{\uparrow}$ に対し，$a \preceq b$ である．さらに $a \in M^{\uparrow}$ でもあるので，a は $M^{\uparrow}$ の最小元，すなわち上限である．後半の証明も同様である．

例題 5.9

$M \neq \emptyset$ かつ $M^{\uparrow} \neq \emptyset$ であり，$\sup M$ が存在しないような半順序集合 $(A, \preceq)$ と A の部分集合 M を示せ．なお

(1) A が有限集合である場合

(2) $\preceq$ が全順序である場合

の二つの場合を考えよ．

解答

それぞれの例を挙げる（図 5.15）．

(1) $A = \{a, a', b, b'\}$，$M = \{a, a'\}$ で，$a \preceq b$，$a \preceq b'$，$a' \preceq b$，$a' \preceq b'$ の場合．

解説：$M^{\uparrow} = \{b, b'\}$ であるが，b と b' は比較可能でない（すなわち $b \preceq b'$ でも $b' \preceq b$ でもない）ので，$M^{\uparrow} = \{b, b'\}$ の最小元，すなわち M の最小上界は存在しない．

(2) $A = \mathbb{R} - \{0\}$，$M = \mathbb{R}^{-}$ とし，$\preceq$ を通常の大小関係 $\leq$ と考えた場合．

解説：$M^{\uparrow} = \mathbb{R}^{+}$ であるので，$M^{\uparrow}$ の最小元，すなわち M の最小上界は存在しない [15]． ■

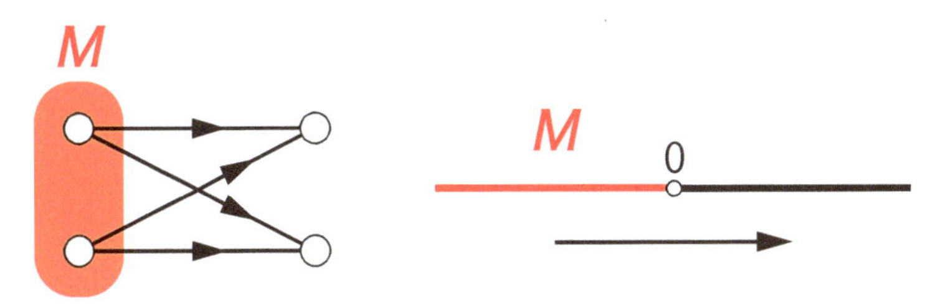

図 5.15 inf M のない例．左：有限集合の例，右：全順序の例

[15] 仮に A が 0 も含むのならば $M^{\uparrow} = \mathbb{R}_0^{+}$ となるので $\inf M = 0$ となる．

なお，例題 5.7 と 5.8 より，$\preceq$ が全順序でかつ $M \neq \emptyset$ が有限集合であるならば，$\sup M$ と $\inf M$ は必ず存在する．

5.4 厳密半順序

R を集合 A 上の関係とする．以下の規則を定義する（図 5.16, 5.17）．

(v) **非反射律 (irreflexive law)** $(\forall a \in A)(a \not R a)$

(vi) **非対称律 (asymmetric law)** $(\forall a, b \in A)(aRb \to b \not R a)$

図 5.16 非反射律

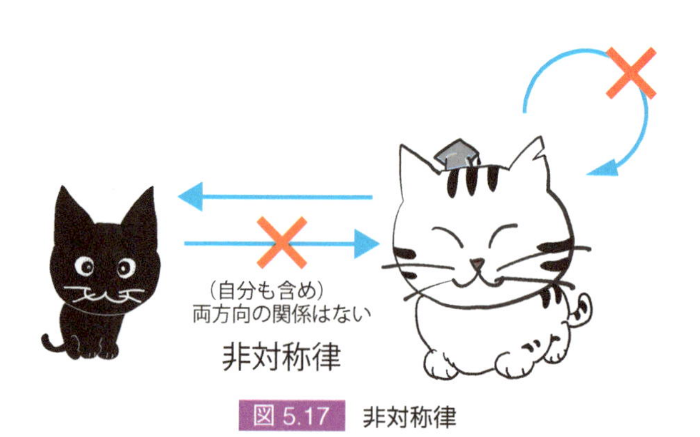

図 5.17 非対称律

非対称律は反対称律ととても似ている．どちらも異なる要素間で両方向に関係があることは禁じている．異なる点は，反対称律は自分自身との関係 aRa は認めているが，非対称律はそれすら認めていないということである．

すなわち，次の命題が明らかに成り立つ．

命題 5.2

非対称律を満たす関係は反対称律と非反射律も満たす.

関係 R が推移律と非反射律を満たすとき, **厳密半順序 (strict partial order)** という [16] (図 5.18). 通常の半順序をこれと区別するために**弱半順序 (weak partial order)** と呼ぶこともある.

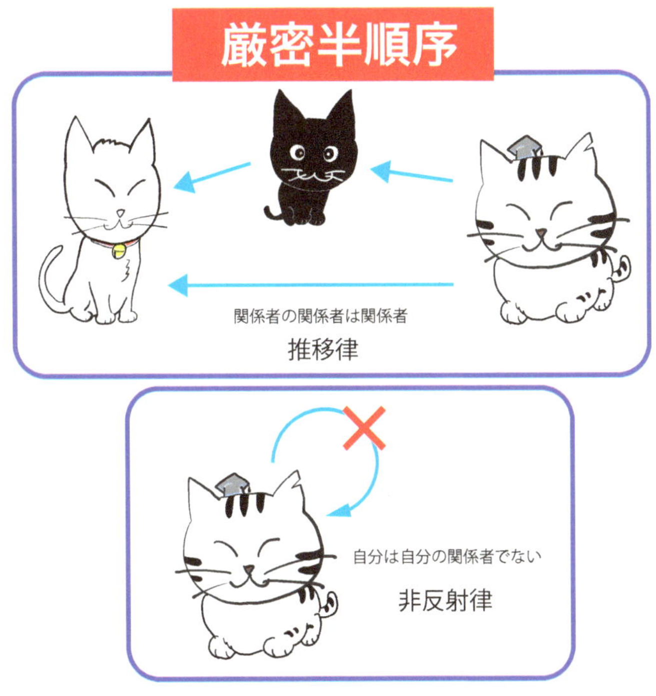

図 5.18 推移律と非反射律を満たす関係を厳密半順序という

注意 5.4

厳密半順序は反射律を満たさないので, 半順序ではない.

[16] 狭義半順序と訳されることもある. しかし通常「狭義何々」というと,「何々」に含まれている概念を表す. 一方, 厳密半順序は反射律を満たさないので半順序ではない. したがって狭義半順序という名前はあまり適切ではないと考える.

命題 5.3

厳密半順序は非対称律を満たす.

証明

集合 A 上のある厳密半順序 R が非対称律を満たさないと仮定する. すなわち, $(\exists a, b \in A)(aRb \land bRa)$ である. 厳密半順序の定義より推移律が成り立つので

$$aRb \land bRa \to aRa$$

より, aRa を得る. しかしこれは非反射律に反する. ■

命題 5.2 より非対称律が非反射律を含むことが示されたが, 命題 5.3 は, 推移律を満たす場合は, その逆 (すなわち, 非反射律を満たすならば非対称律も満たす) も成り立つことを示している.

例題 5.10

R を集合 A 上の半順序とする. 関係 $R' = R - I_A$ は厳密半順序であることを示せ.

解答

R' が推移律と非反射律を満たすことを示せば良い.

- 非反射律: R' は I_A の要素を含まないことから明らか.
- 推移律: $aR'b \land bR'c$ である $a, b, c \in A$ が存在すると仮定する. R' の定義より, $a \neq b$ かつ $b \neq c$ である.

$$aRb \land bRc \tag{5.9}$$

でもあり, R は半順序なので, 推移律より aRc が成り立つ. ここで, $a = c$ であるとすると式 (5.9) より $aRb \land bRa$ となり, 反対称律より $a = b$ となるが, これは $a \neq b$ に反する. したがって $a \neq c$ でなければならない. よって $aR'c$ も成り立つ. 以上から推移律が成り立つ.

練習問題 5.3 R' を集合 A 上の厳密半順序とする. 関係 $R = R' \cup I_A$ は半順序であることを示せ.

例題 5.10 と練習問題 5.3 を合わせると，半順序から I_A を取り除いたものが厳密半順序になり，その逆（すなわち，厳密半順序に I_A を加えたものが半順序になる）も成り立つことがわかる（図 5.19）．

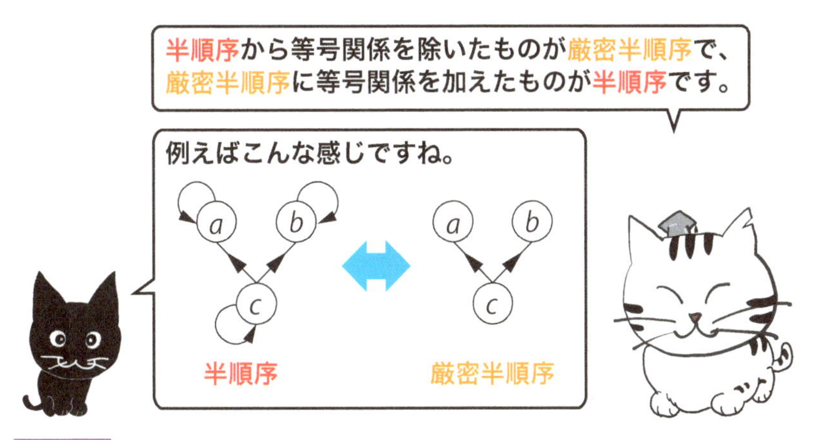

図 5.19　半順序と厳密半順序の関係
注意：これはハッセ図ではなく，反射律に基づく関係も含め，すべての関係が明示してある．

5.5 同値関係

5.5.1 同値関係とは何か

以下の三つを満たす関係を**同値関係** (equivalence relation) という（図 5.20, 5.21）．

- 反射律
- 推移律
- 対称律

参考 5.5

同値関係とはまさしく「同値」であるような関係を表すものである．例えば，平面図形の集合に対し，「合同」であるとか，「相似」であるとか，あるいは整数の集合に対し，「符号（「+」か「−」か）が等しい」とか，人の集合に対し「誕生日が同じ」などはすべて同値関係である．

同値関係

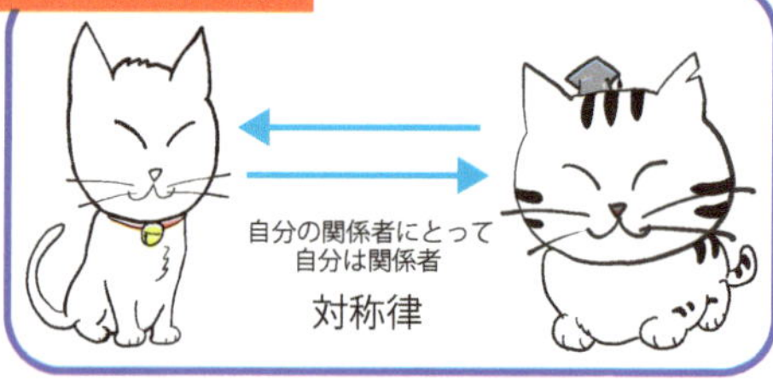

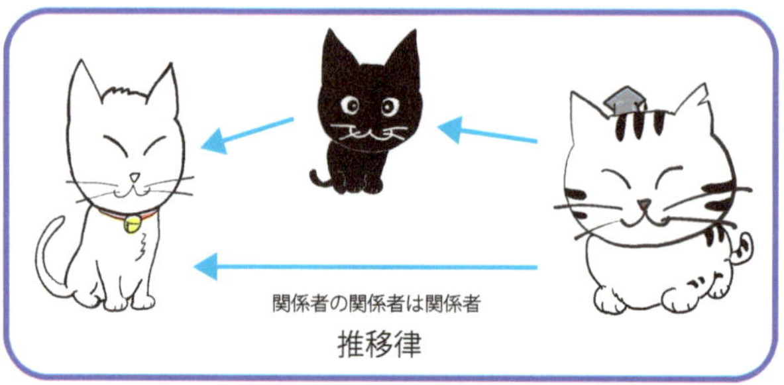

図 5.20　反射律・推移律・対象律の三つを満たす関係を同値関係という（1）

「自分は自分と同値」（反射律）
「A と B が同値なら B と A は同値」（対称律）
「A と B が同値で B と C が同値なら
A と C も同値」（推移律）
この三つが成り立つのが同値関係です。

当たり前っぽいですね。

シンプルな規則から高度な原理を
導くのが数学にゃ！

図 5.21　反射律・推移律・対象律の三つを満たす関係を同値関係という（2）

例題 5.11

$\mathbb{Z}$ 上の関係 R_2 を

$$R_2 = \{\langle a, b\rangle \mid a - b \text{ は 2 で割り切れる }\}$$

とする．R_2 が同値関係であることを示せ．

解答

反射律，推移律，対称律の三つを満たすことを示せば良い．

- 反射律：$a - a = 0$ より明らか．
- 推移律：$aR_2b \wedge bR_2c$ と仮定する．すなわち $a - b = 2k, b - c = 2h$ となる整数 k と h が存在する．したがって $a - c = 2(k + h)$ であり，$k + h$ は整数なので，aR_2c となり，推移律を満たす．
- 対称律：aR_2b と仮定する．すなわち $a - b$ は偶数である．すると明らかに $b - a$ も偶数であるので，bR_2a となり，対称律が成り立つ．

以上から証明できた．

5.5.2 同値類と商集合

R が同値関係のとき，$R(a)$（式 (4.10) で定義）を a の**同値類 (equivalence class)** と呼ぶ．$R(a)$ は $[a]_R$ と書くこともあり，R が明らかな場合には $[a]$ と書いても良い．

同値類全体からなる集合を

$$A/R \tag{5.10}$$

と書き，A の R による**商集合 (quotient set)** という．

参考 5.6

例題 5.11 の R_2 についてその同値類と商集合を考えると，$[0]_{R_2}$ は偶数全体の集合であり，$[1]_{R_2}$ は奇数全体の集合である．したがって $\mathbb{Z}/R_2 = \{[0]_{R_2}, [1]_{R_2}\}$ となる．

練習問題 5.4　k を正整数，$a, b \in \mathbb{Z}$ とする．ある整数 n が存在して $a - b = nk$ となるとき，

$$a \equiv b \pmod{k}$$

と書き，a と b は k を法として**合同**であるという．$\mathbb{Z}$ 上の関係

$$R_k = \{\langle a, b\rangle \mid a \equiv b \pmod{k}\}$$

は同値関係であることを示し，その商集合を求めよ．

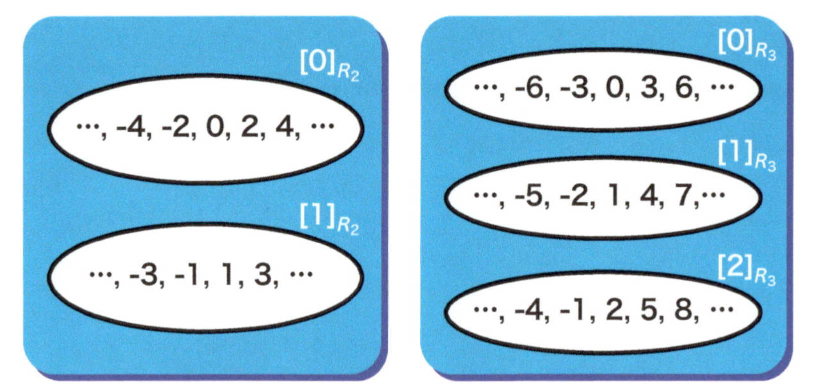

図 5.22 R_2 の同値類（左）と R_3 の同値類（右）

例 5.2

集合 Q を次で定める.

$$Q = \{\langle a, b\rangle \in \mathbb{Z} \times \mathbb{Z} \mid b \neq 0\}$$

Q 上の関係 $\simeq$ を次のように定める.

$$\langle a, b\rangle \simeq \langle c, d\rangle \overset{\text{def}}{\Leftrightarrow} \frac{a}{b} = \frac{c}{d}$$

$\simeq$ は同値関係であり，$Q/\simeq$ は有理数を表すと考えることができる.

$Q/\simeq$ の元 $[\langle a, b\rangle]_{\simeq}$ を $\frac{a}{b}$ と書く.

例えば，有理数 $\frac{2}{3}$ を表す同値類は

$$[\langle 2, 3\rangle]_{\simeq} = \{\ldots, \langle -4, -6\rangle, \langle -2, -3\rangle, \langle 2, 3\rangle, \langle 4, 6\rangle, \langle 6, 9\rangle, \ldots\}$$

である.

定理 5.4

R を集合 A 上の関係とする．R が同値関係である必要十分条件は以下の (1),(2) が成り立つことである.

(1) $(\forall a \in A)(a \in R(a))$

(2) $(\forall a, b \in A)(R(a) = R(b) \vee R(a) \cap R(b) = \emptyset)$

証明

必要性　(R が同値関係 $\Rightarrow$ (1),(2) を満たす)

対偶を示す．まず (1) を満たさないと仮定する．すなわち $(\exists a \in A)(a \notin R(a))$ であるが，これは $\langle a, a\rangle \notin R$ を意味し，反射律を満たさない．

次に (2) を満たさないと仮定する．すなわち $(\exists a, b \in A)(R(a) \neq R(b) \wedge R(a) \cap R(b) \neq \emptyset)$ である．$R(a) \neq R(b)$ より $R(a) - R(b) \neq \emptyset$ もしくは $R(b) - R(a) \neq \emptyset$ であるので，一般性を失うことなく前者を仮定しておく[17]．$R(a) - R(b)$ の任意の元を $c \in R(a) - R(b)$ とすると，aRc かつ $b\not{R}c$ である．$R(a) \cap R(b) \neq \emptyset$ より，$R(a) \cap R(b)$ の任意の元を $d \in R(a) \cap R(b)$ とすると，aRd かつ bRd である．ここで R が対称律と推移律を満たすと仮定すると，

$$bRd \wedge dRa \wedge aRc \to bRc$$

となり，$b\not{R}c$ に矛盾．したがって対称律か推移律のどちらかは満たさない．

以上から必要性は証明された．

十分性　((1),(2) を満たす $\Rightarrow$ R が同値関係)

対偶を示す．R が同値関係でないと仮定する．すなわち反射律，推移律，対称律のどれかは満たさない．

まず反射律を満たさないと仮定する．すなわち，

$$(\exists a \in A)(a\not{R}a)$$

であるが，これは $a \notin R(a)$ となるので，(1) を満たさない．よって以下では反射律は満たすと仮定する．

次に対称律を満たさないと仮定する．すなわち

$$(\exists a, b \in A)(aRb \wedge b\not{R}a)$$

である．したがって $b \in R(a)$ かつ $a \notin R(b)$ である．反射律を満た

[17] a と b は入れ替え可能なので，もし後者であるならば，以降の議論の a と b を入れ替えれば同じ議論が成り立つ．こういうときに数学の世界では「一般性を失うことなく」という．英語では “without loss of generality” なので，省略して “w.l.o.g.” あるいはピリオドも書略されて “wlog” と書かれることもある．

すので $a \in R(a)$ と $b \in R(b)$ が成り立つ．$a \in R(a)$ と $a \notin R(b)$ より，

$$R(a) \neq R(b) \tag{5.11}$$

である．一方，$b \in R(a)$ と $b \in R(b)$ より

$$R(a) \cap R(b) \neq \emptyset \tag{5.12}$$

である．式 (5.11) と (5.12) より，(2) に反する．よって以下では対称律も満たすと仮定する．

最後に推移律を満たさないと仮定する．すなわち，

$$(\exists a, b, c \in A)(aRb \wedge bRc \wedge a \not R c)$$

である．よって $b \in R(a)$, $c \in R(b)$, $c \notin R(a)$ である．これより，

$$R(a) \neq R(b) \tag{5.13}$$

を得る．一方，反射律より $b \in R(b)$ なので，

$$b \in R(a) \cap R(b) \neq \emptyset \tag{5.14}$$

である．式 (5.13) と (5.14) より，(2) を満たさない．

以上から十分性が証明できた．

■

定理 5.4 の系として次の性質が得られる．

系 5.5

R を集合 A 上の同値関係とすると，A/R は A の分割である．

なお，ここでいう分割とは数学用語であり，次のように定義される．

定義 5.6

集合 A に対し，部分集合族 $P = \{P_1, \ldots, P_k\}$, $(\forall i \in \{1, \ldots, k\})(P_i \subseteq A)$ が A の**分割 (partition)** であるとは，以下の (1), (2) を満たすことである．

(1) $A = P_1 \cup \cdots \cup P_k$

(2) $(\forall i, j \in \{1, \ldots, k\})(i \neq j \to P_i \cap P_j = \emptyset)$

練習問題 5.5 定理 5.4 を用いて系 5.5 を証明せよ．

コラム

括弧の違い

括弧には ( ) や { } や ⟨ ⟩ や [ ] などさまざまな種類があるが，数式で使う場合には，それぞれに少しずつ役割の違いがある．

⟨ ⟩ は基本的に中身の順序に意味がある場合に用いる．例えば関係の要素 $\langle a, b\rangle$ は a と b の順序に意味があり，$\langle a, b\rangle$ と $\langle b, a\rangle$ は別のものである．

一方 { } は基本的に順序に意味がない場合に用いる．代表的なものは集合で，$\{a, b\}$ と $\{b, a\}$ は同じものを表している．

( ) は最も頻繁に，かつ普通に使う括弧で，ほとんどの場合に使うことができる．例えば順序に意味がある場合も，ない場合にも使うことができる．

[ ] はかなり特殊で，単に中の要素を並べているという以上の特別な意味を持たせることが多い．一番有名と思われるのは閉区間（5.3.1 節参照）を表現する場合である．5.5.2 節で定義した同値類の表現もある．他に，これは数式ではないが，参考文献の引用の際に（例えば [Erdős, 1961] などのように）使用することが多い．

このように括弧にも一応使い分けの慣習があるので，それに従って使用するのが望ましい．

帰納法と関係の閉包

——自然数といえば帰納法

高校までは「数学的帰納法」といったかもしれませんが、
数学で使う帰納法は数学的に決まっていますので
単に「帰納法」というようにして下さい。

「数学的足し算」とか
いいませんもんね。

帰納法は便利な手法である．証明がうまくいかないときでも帰納法を使えばできることが往往にしてある．帰納法を用いるのは，自然数上で定義されている命題の証明がほとんどであるが，実は自然数の定義自体が帰納的になされている．すなわち，直感的な表現をすれば，「0 の次の自然数が 1」「1 の次の自然数が 2」「2 の次の自然数が 3」⋯ という具合である．だから帰納法と自然数の相性が良いのは当然なのだ．

6.1 帰納法

「任意の非負整数 $n \geq 0$ に対し命題 $P(n)$ が成り立つ」ということを証明する有力な手段として，帰納法がある．

帰納法 (induction) は以下の 2 段階の論証より構成される（図 6.1）．

（基底）$P(0)$ を示す．

（帰納ステップ）$P(n)$ を仮定し，$P(n+1)$ を示す．

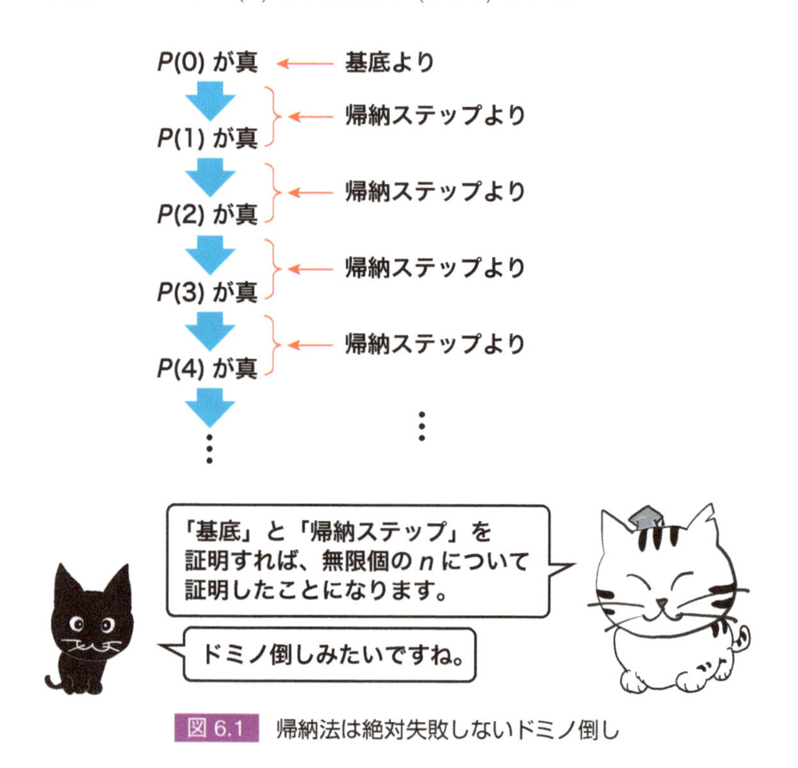

図 6.1　帰納法は絶対失敗しないドミノ倒し

例題 6.1

$n \geq 1$ を任意の正整数，$A_1, \ldots, A_n$ を集合とする．n に関する帰納法により，以下に示す拡張ド・モルガン則を証明せよ．

$$\overline{\left(\bigcup_{i=1}^{n} A_i\right)} = \bigcap_{i=1}^{n} \overline{A}_i \tag{6.1}$$

$$\overline{\left(\bigcap_{i=1}^{n} A_i\right)} = \bigcup_{i=1}^{n} \overline{A}_i \tag{6.2}$$

解答

（基底）$n=1$ のときは式 (6.1)，(6.2) ともに $\overline{A_1} = \overline{A_1}$ となり，明らかに正しい．$n=2$ の場合は，通常のド・モルガン則であり，成り立つ．

（帰納ステップ）ある $n \geq 2$ に対し式 (6.1) と (6.2) が成り立つと仮定し，$n+1$ の場合も成り立つことを以下で示す．

- 式 (6.1) について

$$\begin{aligned}
\overline{\left(\bigcup_{i=1}^{n+1} A_i\right)} &= \overline{\left(\left(\bigcup_{i=1}^{n} A_i\right) \cup A_{n+1}\right)} \\
&= \overline{\left(\bigcup_{i=1}^{n} A_i\right)} \cap \overline{A}_{n+1} && (\because \text{ド・モルガン則}) \\
&= \left(\bigcap_{i=1}^{n} \overline{A}_i\right) \cap \overline{A}_{n+1} && (\because \text{帰納法の仮定}) \\
&= \bigcap_{i=1}^{n+1} \overline{A}_i
\end{aligned}$$

- 式 (6.2) も同様なので省略する．

R を集合 A 上の関係とする．n を非負整数とするとき，関係 R^n を以下のように定義する [1]．

$$\begin{cases} R^0 & \stackrel{\text{def}}{=} & I_A \\ R^{n+1} & \stackrel{\text{def}}{=} & R \circ R^n \end{cases} \tag{6.3}$$

このような定義の仕方を**帰納的定義**という．

関係 R に対し，以下をさらに定義する．

$$R^* \stackrel{\text{def}}{=} \bigcup_{i=0}^{\infty} R^n \tag{6.4}$$

[1] 式 (4.3) では集合 A に対して A^n という記法を定義した．集合 A 上の関係 R も $R \subseteq A \times A$ という定義なので，集合であることに変わりはなく，R を集合としてみた場合は式 (4.3) を適用することも可能になる．異なる二つの概念が同じ記法なのは紛らわしいが，関係 R を関係としてみた場合には式 (6.3) を使い，単なる集合としてみた場合には式 (4.3) を使うということになる．

$$R^+ \overset{\text{def}}{=} \bigcup_{i=1}^{\infty} R^n \tag{6.5}$$

R, R^2, R^3, R^+, R^* の例を図 6.2 と 6.3 に掲げる.

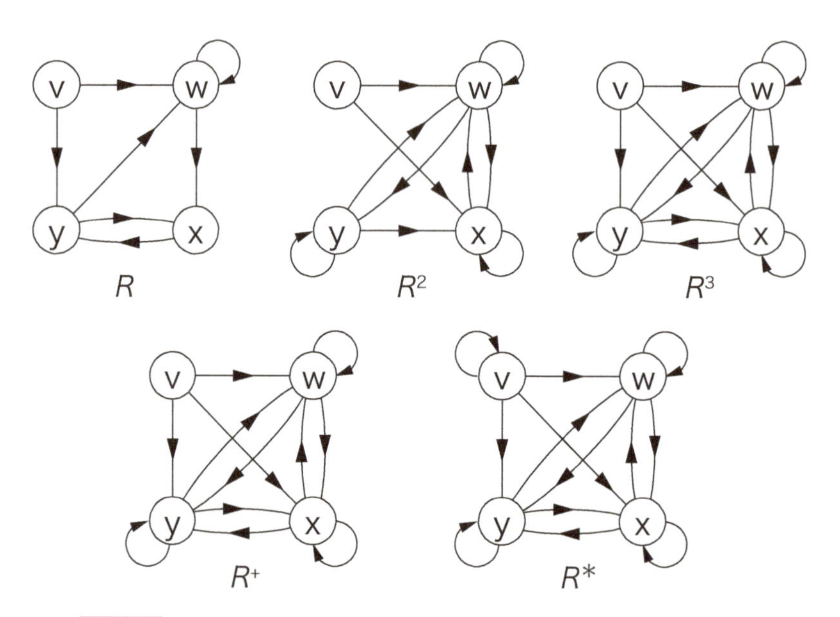

図 6.2　R を左上のように決めたときの R^2, R^3, R^+, R^* （その 1）

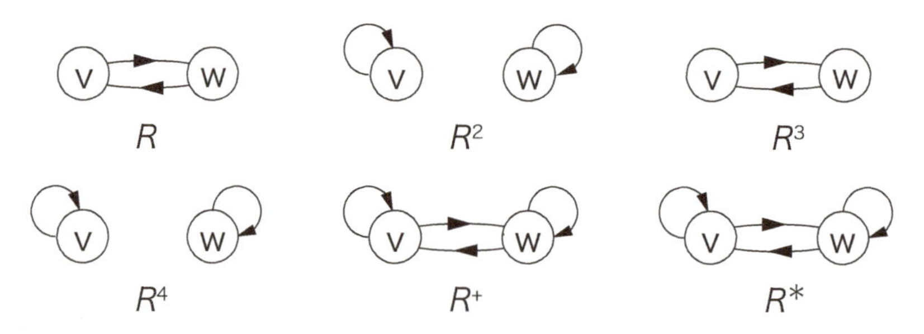

図 6.3　R を左上のように決めたときの R^2, R^3, R^4, R^+, R^* （その 2）

例題 6.2

関係 R が推移律を満たすならば $R \circ R \subseteq R$ であることを示せ.

解答

$\langle a,b\rangle \in R\circ R$とする．定義より$(\exists c)(aRc\wedge cRb)$である．$R$は推移律を満たすので$\langle a,b\rangle \in R$である．

練習問題 6.1 関係Rが推移律を満たすならば$R^+=R$であることを示せ．

6.2 関係の閉包

すでに定義したように，集合A上の関係Rは$A\times A$の部分集合，すなわち$2^{A\times A}$の要素である．したがって集合$2^{A\times A}$上の関数$\theta:2^{A\times A}\to 2^{A\times A}$を考えると，$A$上の任意の関係$R$に対し，$\theta(R)$も$A$上の関係となる．したがって，$\theta$は$A$上の関係を変換する演算と解釈することができる．

θが，A上の任意の関係R, Sに対し，以下の式(6.6)〜(6.8)を満たすとき，θを**閉包演算 (closure operation)** という．

$$R \subseteq \theta(R) \tag{6.6}$$

$$\theta(\theta(R)) = \theta(R) \tag{6.7}$$

$$R\subseteq S \to \theta(R)\subseteq\theta(S) \tag{6.8}$$

$\theta(R)=R$となるRはθに関して**閉じている (closed)** あるいはθに関する**閉集合 (closed set)** という．

図 6.4 この節はちょっと難しいかも

性質 6.1

θ が閉包演算ならば，$\theta(R)$ は，R を含む θ に関する閉集合のうち，（包含関係 $\subseteq$ に関して）最小のものである．

証明

$\theta(R)$ は，式 (6.6) より R を含む．また，式 (6.7) より，$\theta(R)$ は θ に関する閉集合である．

S を任意の「R を含みかつ θ に関する閉集合」とする．$R \subseteq S$ と式 (6.8) より

$$\theta(R) \subseteq \theta(S) \tag{6.9}$$

であり，さらに S が θ に関する閉集合であることから

$$\theta(S) = S \tag{6.10}$$

を満たす．式 (6.9) と (6.10) より

$$\theta(R) \subseteq S$$

を得るが，このことは，$\theta(R)$ は任意の「R を含みかつ θ に関する閉集合」の部分集合であることを意味するので，題意が示された．■

P を関係に関する性質（例えば「反射性」など）とする．関数 $\theta : 2^{A\times A} \to 2^{A\times A}$ が A 上の任意の関係 R に対し，

「R が性質 P を満たす」とき，かつそのときにかぎり「R は θ に関する閉集合」である

という条件を満たすとき，θ を P **閉包演算** (P**-closure operation**) といい，$\theta(R)$ を R の P **閉包** (P **closure**) という．

集合 A 上の関係 R に対する演算 r, s, t を以下で定義する．

$$r(R) \stackrel{\text{def}}{=} R \cup I_A$$
$$s(R) \stackrel{\text{def}}{=} R \cup R^{-1}$$
$$t(R) \stackrel{\text{def}}{=} R^{+}$$

性質 6.2

r, s, t はそれぞれ反射閉包，対称閉包，推移閉包である．

証明

(1) R が r に関する閉集合でないと仮定する．すなわち，$R \neq r(R) = R \cup I_A$ であり，これは $(\exists a \in A)(\langle a, a \rangle \notin R)$ を意味する．よって R は反射的でない．

次に R が反射的でないと仮定する．すなわち，$(\exists a \in A)(\langle a, a \rangle \notin R)$ である．よって $R \neq R \cup I_A = r(R)$ であり，R は r に関する閉集合ではない．

以上から「R が反射的」であるならば，かつそのときにかぎり「R は r に関する閉集合」であることが示され，r は反射閉包である．

(2) R が s に関する閉集合でないと仮定する．すなわち，$R \neq s(R) = R \cup R^{-1}$ である．$R \cup R^{-1} - R$ の要素の一つを $\langle a, b \rangle$ とすると，$\langle a, b \rangle \in R^{-1}$ かつ $\langle a, b \rangle \notin R$ である．よって $\langle b, a \rangle \in R$ となるので，R は対称的でない．

次に R が対称的でないと仮定する．すなわち，ある $\langle a, b \rangle \in R$ が存在して $\langle b, a \rangle \notin R$ である．$\langle a, b \rangle \in R$ より $\langle b, a \rangle \in R^{-1}$ であるので，$\langle b, a \rangle \in R \cup R^{-1} - R = s(R) - R$ となり，$R \neq s(R)$ であり，R は s に関する閉集合ではない．

以上から，s は対称閉包である．

(3) R が t に関する閉集合でないと仮定する．すなわち，$R \neq t(R) = \bigcup_{i=1}^{\infty} R^i$ である．これは，R^2, R^3, ... のうちのどれかに R に属さない要素が含まれていることを意味する．そのような R^n のうち，n が最小であるものを選ぶ．$\langle a, b \rangle \in R^n - R$ とする．R^n の定義より，$(\exists c \in A)(\langle a, c \rangle \in R \wedge \langle c, b \rangle \in R^{n-1})$ である．n の選び方から，$R^{n-1} \subseteq R$ でなければならない．したがって $\langle c, b \rangle \in R$ である．よって $\langle a, c \rangle \in R$ かつ $\langle c, b \rangle \in R$ かつ $\langle a, b \rangle \notin R$ となり，R は推移的でない．

次に R は推移的でないと仮定する．すなわち，ある $a, b, c \in A$ が存在して $\langle a, b \rangle, \langle b, c \rangle \in R$ かつ $\langle a, c \rangle \notin R$ である．ここで $\langle a, b \rangle, \langle b, c \rangle \in R$ より $\langle a, c \rangle \in R^2 \subseteq t(R)$ であるので，$R \neq t(R)$ であり，R は t に関する閉集合ではない．

以上から，t は推移閉包である．■

性質 6.3

$(r \circ t)(R) = R^*$ である.

証明

$$
\begin{aligned}
(r \circ t)(R) &= r(R^+) = r\left(\bigcup_{i=1}^{\infty} R^i\right) = \left(\bigcup_{i=1}^{\infty} R^i\right) \cup I_A \\
&= \left(\bigcup_{i=1}^{\infty} R^i\right) \cup R^0 = \bigcup_{i=0}^{\infty} R^i \\
&= R^*
\end{aligned}
$$

■

R^* を R の**反射推移閉包 (reflexive-transitive closure)** という.

例題 6.3

以下を証明せよ.

(1) 関係 R が反射的ならば, $s(R)$ も $t(R)$ も反射的である.
(2) 関係 R が対称的ならば, $r(R)$ も $t(R)$ も対称的である.
(3) 関係 R が推移的ならば, $r(R)$ も推移的である.

解答

(1) R が反射的ならば $I \subseteq R$ である. $R \subseteq s(R)$, $R \subseteq t(R)$ より $I \subseteq s(R)$, $I \subseteq t(R)$ であり, 両者とも反射的である.

(2) まず $r(R) = R \cup I$ が対称的ではないと仮定する. すなわち, ある $\langle a, b\rangle \in R \cup I$ が存在して $\langle b, a\rangle \notin R \cup I$ である. $a \neq b$ は明らかなので, $\langle a, b\rangle \in R$ と $\langle b, a\rangle \notin R$ も成立し, R は対称的でない. よって R が対称的ならば $r(R)$ も対称的である.

次に R が対称的であると仮定する. すなわち, $R = R^{-1}$ である. ここで任意の $n \geq 2$ と任意の $\langle a, b\rangle \in R^n$ を考える. R^n の定義から $c_1, \ldots, c_{n-1}$ が存在し, $\langle a, c_1\rangle$, $\langle c_1, c_2\rangle$, $\ldots$, $\langle c_{n-1}, b\rangle \in R$ である. R は対称的なので, $\langle b, c_{n-1}\rangle$, $\langle c_{n-1}, c_{n-2}\rangle$, $\ldots$, $\langle c_1, a\rangle \in R$ であるので, $\langle b, a\rangle \in R^n$ となり, R^n は対称的である. 対称的な関係の和集合も対称的なのは明らか. したがって $t(R) = \bigcup_{i=1}^{\infty} R^i$ も対称的である.

(3) $r(R) = R \cup I$ が推移的でないと仮定する．すなわち，ある a, b, c が存在して

$$\langle a,b\rangle, \langle b,c\rangle \in R \cup I \quad \wedge \quad \langle a,c\rangle \notin R \cup I \tag{6.11}$$

を満たす．もし $a = b$ または $b = c$ ならば，式 (6.11) に矛盾する．また，もし $a = c$ ならば，やはり $\langle a,a\rangle \notin R \cup I$ となり，これも矛盾する．したがって a, b, c はすべて異なる．よって式 (6.11) より

$$\langle a,b\rangle, \langle b,c\rangle \in R \quad \wedge \quad \langle a,c\rangle \notin R$$

となり，R も推移的でない．

練習問題 6.2 R が推移的だが $s(R) = R \cup R^{-1}$ が推移的でないような例を挙げよ．

例題 6.4

R が同値関係である必要十分条件は $R^* \subseteq R^{-1}$ であることを証明せよ．

解答

- 必要性：R を同値関係と仮定する．反射律より $R^0 = I \subseteq R$ である．推移律より，任意の正整数 $n \geq 1$ に対し，$R^n \subseteq R$ である．したがって $R^* \subseteq R$ を得る．$R \subseteq R^*$ であることを考慮すると $R^* = R$ である．そして対称律より $R = R^{-1}$ であるので，$R^* = R^{-1}$，すなわち $R^* \subseteq R^{-1}$ が得られる．
- 十分性：R が同値関係でないと仮定する．まず R は反射的でないと仮定する．すなわち，ある $\exists\langle a,a\rangle \notin R$ である．したがって $\langle a,a\rangle \notin R^{-1}$ でもあるので，$R^0 \not\subseteq R^{-1}$ であり，$R^* \not\subseteq R^{-1}$ である．よって以下では，R は反射的であると仮定する．

  次に R は対称的でないと仮定する．すなわち，ある a, b が存在して $\langle a,b\rangle \in R$ かつ $\langle b,a\rangle \notin R$ である．したがって $\langle a,b\rangle \notin R^{-1}$ なので，$R \not\subseteq R^{-1}$ となり，$R^* \not\subseteq R^{-1}$ である．よって以下では，R は対称的でもあると仮定する．

  最後に R は推移的でないと仮定する．すなわち，ある a, b, c が存在して $\langle a,b\rangle, \langle b,c\rangle \in R$ かつ $\langle a,c\rangle \notin R$ である．したがって $\langle c,a\rangle \notin R^{-1}$ である．R は対称的なので，$\langle c,b\rangle, \langle b,a\rangle \in R$ となるので，$\langle c,a\rangle \in R^2$ であ

る．よって $R^2 \not\subseteq R^{-1}$ となり，$R^* \not\subseteq R^{-1}$ となる．

6.3 集合の対等性

二つの集合 A と B について，A から B への全単射が存在するとき，A と B は**対等** (equipotent) であるといい，

$$A \sim B$$

と書く．

有限集合の場合，$|A| = |B|$ ならば $A \sim B$ であり，その逆も成り立つ．すなわち $|A| = |B|$ は $A \sim B$ の必要十分条件である（図 6.5）．

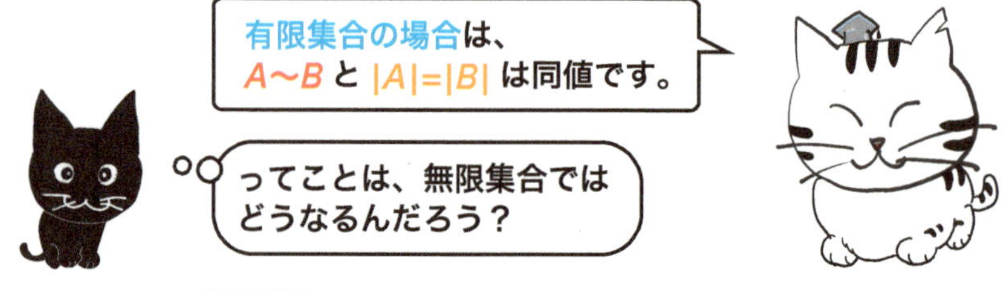

図 6.5　有限集合の場合は $A \sim B \Leftrightarrow |A| = |B|$

例題 6.5

集合間の関係 $\sim$ は同値関係であることを示せ．

解答

反射律，対称律，推移律が成り立つことを示せば良い．

- 反射律：恒等写像 $I_A : A \to A$ は全単射である．よって $(\forall A)(A \sim A)$ であり，反射律が成り立つ．
- 対称律：全単射 $f : A \to B$ が存在するならば $f^{-1} : B \to A$ も全単射である．したがって $(A \sim B) \Rightarrow (B \sim A)$，すなわち対称律が成り立つ．
- 推移律：二つの全単射 $f : A \to B$ と $g : B \to C$ が存在するならば，$g \circ f : A \to C$ も全単射である．したがって $(A \sim B) \wedge (B \sim C) \Rightarrow (A \sim C)$，

すなわち推移律が成り立つ.

例題 6.6

A を有限集合とし, $|A| = n \geq 1$ とする. このとき $A \sim \{1, \ldots, n\}$ を示せ.

解答

帰納法で示す.

(1) $n = 1$ のとき, A の唯一の要素を $a \in A$ とすると, $f(a) = 1$ は全単射となるので, $A \sim \{1\}$ が示される.

(2) 次にある正整数 n に対し題意が成り立つと仮定する. A を $|A| = n+1$ である任意の有限集合とする. A の任意の要素 $a \in A$ を選び, $A' = A - \{a\}$ とすると, $|A'| = n$ であるので, 仮定より $A' \sim \{1, \ldots, n\}$ が成り立つ. したがって, 全単射 $f' : A' \to \{1, \ldots, n\}$ が存在する. そこで $f : A \to \{1, \ldots, n+1\}$ を,

$$f(x) = \begin{cases} n+1 & (x = a \text{ のとき}) \\ f'(x) & (\text{それ以外}) \end{cases}$$

と定めることにより全単射が得られる.

(1), (2) より任意の正整数 n に対し, 題意が証明された.

順列と組合せ

――この先には賞金100万ドルの未解決問題が！

受験生の多くが悩まされる順列と組合せ．しかし順列と組合せは確率論で重要であるだけでなく，工学的にもあちこちに顔を出す．例えば「すべての組合せの中から最適なものを選ぶ」という形の問題は「組合せ最適化問題 (combinatorial optimization problem)」という枠組みで扱われ，エンジニアにとっては避けて通れない分野である．そして組合せ最適化問題の理論は数学 7 大未解決問題 [1] の一つ「P 対 NP 問題」に直接繋がっている．すなわち，順列と組合せの向こうには数学の最先端の世界が開けているのだ．なお，「組合せ」を「組み合わせ」と書くと素人臭く見えるので注意！

---

[1] ただし，この中でポアンカレ予想は解決し，2019 年 4 月現在では 6 問が未解決で残っている．

7.1 順列と組合せ

7.1.1 順列

n 個の異なる要素の並び替えを順列といい，次のように定義される．

定義 7.1

A を任意の有限集合とする．A 上の全単射 $\pi : A \to A$ を**順列 (permutation)** という．$A = \langle a_1, a_2, \ldots, a_n \rangle$ のとき，順列 π を $\langle \pi(a_1), \pi(a_2), \ldots, \pi(a_n) \rangle$ のように表記することもある．

例 7.1

$\langle 1, 2, 3 \rangle$ の順列は $\langle 1, 2, 3 \rangle$，$\langle 1, 3, 2 \rangle$，$\langle 2, 1, 3 \rangle$，$\langle 2, 3, 1 \rangle$，$\langle 3, 1, 2 \rangle$，$\langle 3, 2, 1 \rangle$ の 6 通り存在する．

注意 7.1

定義 7.1 を読むと，順列は自分自身への全単射と同じ概念ということになる（図 7.1）．ただし使われ方が少し違う．$\langle \pi(a_1), \pi(a_2), \ldots, \pi(a_n) \rangle$ の表記でわかるように順列のほうは順序を意識している．つまり，（有限な）**全順序集合の並べ替え**のときに特に順列というのである．要素数が n の任意の有限集合 A は $\{1, \ldots, n\}$ と対等，すなわち $A \sim \{1, \ldots, n\}$（6.3 節参照）であるので，n 要素集合 A に対する順列は $\langle \{1, \ldots, n\}, \leq \rangle$ に対する順列，すなわち $\langle 1, \ldots, n \rangle$ の並び替えと同値である．なお，無限集合における全単射については第 9 章を参照．

命題 7.2

n 要素集合の異なる順列の個数は $n!$ 個である．

証明

異なる全単射 $\pi : A \to \{1, \ldots, n\}$ の総数を求めれば良い．これは，異なる $\pi^{-1} : \{1, \ldots, n\} \to A$ の総数と等しい．$\pi^{-1}(n)$ の取り方は

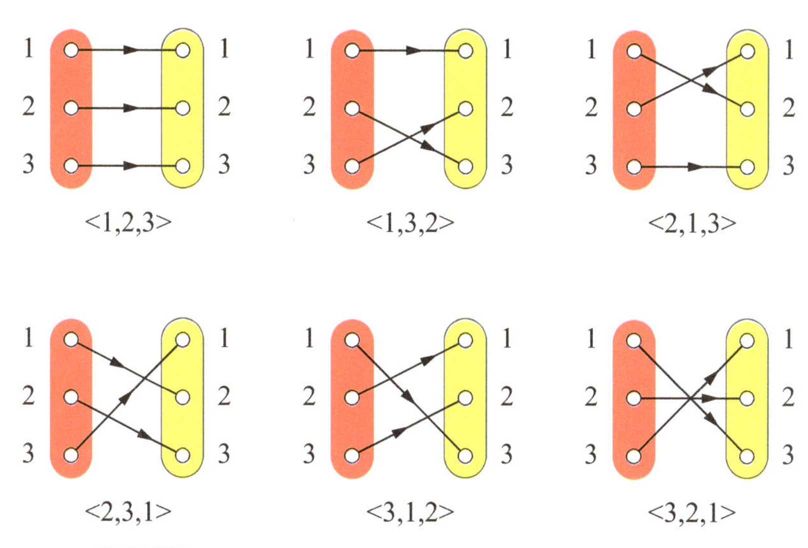

図 7.1　「自分自身への全単射」と「順列」は一対一対応する

($|A| = n$ より) n 通りある．その各々に対し，$\pi^{-1}(n-1)$ の取り方は $|A - \{\pi^{-1}(n)\}| = n-1$ 通りある．同様に $i = n-2, n-3, \ldots, 1$ に対し $\pi^{-1}(i)$ の取り方は i 通りある．したがって，その総数は $n \times (n-1) \times \cdots \times 1 = n!$ 通りである．■

定義 7.3

n 要素の集合 A から $k \leq n$ 個の要素を取り出して一列に並べたものを k **順列 (k-permutation)** という．

$k = n$ のときは単なる順列のことである．また，$k = 0$ の場合，すなわち 0 順列は，存在しないのではなく，空語 λ と等しく，唯一の 0 順列として存在するものと考える．n 要素集合の k 順列の総数を ${}_nP_k$ と表記する．

命題 7.4

任意の非負整数の対 n, k（ただし $0 \leq k \leq n$）に対し，次の式が成り立つ [2]．

$$ {}_nP_k = \frac{n!}{(n-k)!} \tag{7.1} $$

[2] $0! = 1$ に注意.

証明

帰納法で証明する．

(1) 任意の $n \geq 0$ に対し，$n = k$ のときは命題 7.2 によりすでに証明されている．

(2) n を任意の正整数とし，ある正整数 $k \leq n$ について式 (7.1) が成立していると仮定する．任意の n 要素集合 A の任意の $(k-1)$ 順列 $\langle a_1, \ldots, a_{k-1} \rangle$ と任意の $a \in A - \{a_1, \ldots, a_{k-1}\}$ について $\langle a_1, \ldots, a_{k-1}, a \rangle$ は k 順列であり，すべての k 順列はこのように作成することができる．このとき，$(k-1)$ 順列と a のどちらか片方でも異なると，違う k 順列となる．異なる k 順列の個数は仮定より ${}_nP_k = n!/(n-k)!$ であり，異なる a の個数は $|A - \{a_1, \ldots, a_{k-1}\}| = n - k + 1$ である．したがって

$$
\begin{aligned}
{}_nP_k &= (n-k+1)\,{}_nP_{k-1} \\
\therefore\ {}_nP_{k-1} &= \frac{{}_nP_k}{(n-k+1)} = \frac{n!}{(n-k)!(n-k+1)} \\
&= \frac{n!}{(n-k+1)!}
\end{aligned}
$$

を得る．

(1), (2) より題意が証明された． ■

7.1.2 組合せ

n 個の異なる要素からいくつか選び出したものを組合せといい，次のように定義される．

定義 7.5

A を任意の集合とし，$|A| = n$ とする．A の部分集合 $B \subseteq A$ を**組合せ (combination)** といい，その中で $|B| = k$ であるものを **k 組合せ (k-combination)** という．

例 7.2

$\{1,2,3,4\}$ の 2 組合せは $\{1,2\}$，$\{1,3\}$，$\{1,4\}$，$\{2,3\}$，$\{2,4\}$，$\{3,4\}$，の 6 通り存在する．

n 要素集合の k 組合せの総数を $\binom{n}{k}$ または ${}_nC_k$ と表記する [3].

命題 7.6

任意の非負整数の対 n, k（ただし $0 \leq k \leq n$）に対し，次の式が成り立つ．

$$\binom{n}{k} = \frac{n!}{(n-k)!k!} \tag{7.2}$$

証明

n 要素集合 A の k 組合せ $B \subseteq A$ の順列は A の k 順列であり，その逆も成り立つ．異なる B の総数は $\binom{n}{k}$ であり，B 順列の総数は命題 7.2 より $k!$ であるので，${}_nP_k = k!\binom{n}{k}$ と表される（図 7.2）．したがって

$$\binom{n}{k} = \frac{{}_nP_k}{k!} \tag{7.3}$$

である．ここで命題 7.4 より ${}_nP_k = n!/(n-k)!$ であるので，式 (7.3) に代入することで題意を得る． ■

図 7.2　k 組合せの総数に $k!$ を掛ければ k 順列の総数になる

7.2 二項定理

7.2.1 二項定理とその証明

n を正整数とするとき，x と y を変数とする多項式 $(x+y)^n$ を展開したものは $\binom{n}{k}$ を用いて次のように記述できる．

[3] LATEX を使う場合，$\binom{n}{k}$ には\${n \choose k}\$ というコマンドが用意されている．離散数学や計算機科学においては $\binom{n}{k}$ の表記が好まれている．

$$(x+y)^n = \sum_{k=0}^{n} \binom{n}{k} x^{n-k} y^k \tag{7.4}$$

これを**二項定理 (binomial theorem)** という．

証明する前に，小さな n でどうなるか見てみよう．

$$\begin{aligned}(x+y)^1 &= \binom{1}{0}x^1y^0 + \binom{1}{1}x^0y^1 = x+y \qquad (7.5)\\ (x+y)^2 &= \binom{2}{0}x^2y^0 + \binom{2}{1}x^1y^1 + \binom{2}{2}x^0y^2 \\ &= x^2+2xy+y^2 \\ (x+y)^3 &= \binom{3}{0}x^3y^0 + \binom{3}{1}x^2y^1 + \binom{3}{2}x^1y^2 + \binom{3}{3}x^0y^3 \\ &= x^3+3x^2y+3xy^2+y^3\end{aligned}$$

これらは高校で習ったであろう．

では以下で二項定理（式 (7.4)）の証明を与える．

式 (7.4) の証明

帰納法で証明する．まず $n=1$ のときは，式 (7.5) より正しい．よって次に式 (7.4) の n を $n-1$ としたものが正しい，すなわち次の式が成り立つと仮定する．

$$(x+y)^{n-1} = \sum_{k=0}^{n-1} \binom{n-1}{k} x^{n-1-k} y^k \tag{7.6}$$

この仮定のもとで式 (7.4) を以下で導く．

$$\begin{aligned}(x+y)^n &= (x+y)\cdot(x+y)^{n-1} \\ &= (x+y)\sum_{k=0}^{n-1}\binom{n-1}{k}x^{n-1-k}y^k \quad (\because \text{式 (7.6)}) \\ &= \sum_{k=0}^{n-1}\binom{n-1}{k}x^{n-k}y^k + \sum_{k=0}^{n-1}\binom{n-1}{k}x^{n-1-k}y^{k+1} \\ &= \left(x^n + \sum_{k=1}^{n-1}\binom{n-1}{k}x^{n-k}y^k\right) + \left(\sum_{k=1}^{n-1}\binom{n-1}{k-1}x^{n-k}y^k + y^n\right)\end{aligned}$$

$$= x^n + \sum_{k=1}^{n-1} \left(\binom{n-1}{k} + \binom{n-1}{k-1} \right) x^{n-k} y^k + y^n \tag{7.7}$$

ここで式 (7.2) より

$$\begin{aligned}
\binom{n-1}{k} + \binom{n-1}{k-1} &= \frac{(n-1)!}{(n-1-k)!k!} + \frac{(n-1)!}{(n-k)!(k-1)!} \\
&= (n-1)! \cdot \frac{(n-k)+k}{(n-k)!k!} \\
&= \frac{n!}{(n-k)!k!} \\
&= \binom{n}{k}
\end{aligned} \tag{7.8}$$

式 (7.8) を式 (7.7) に代入して

$$(x+y)^n = x^n + \sum_{k=1}^{n-1} \binom{n}{k} x^{n-k} y^k + y^n = \sum_{k=0}^{n} \binom{n}{k} x^{n-k} y^k$$

となり，式 (7.4) を得る． ■

このことから各 $\binom{n}{k}$ を**二項係数 (binomial coefficient)** と呼ぶ．

7.2.2 パスカルの三角形

二項係数はパスカルの三角形と呼ばれる表で綺麗に表現できる．その作成法を説明する．

まず図 7.3 の一番左の図のようにブロックを積み上げたようにマスを書き，一番上のマスに 1 を書く．この段を便宜上,「第 0 段」と考える．次にその下の行（これを「第 1 段」と考える）の二つのマスに，上のマスの 1 をそのままコピーする（真ん中の図）．さらにその下の行（第 2 段）は，両端のマスに

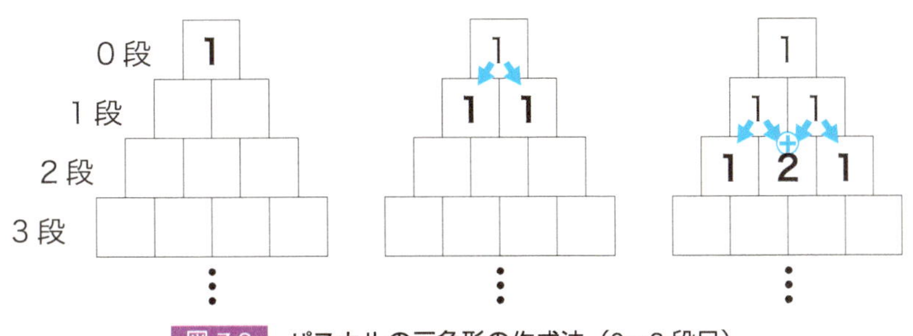

図 7.3 パスカルの三角形の作成法（0～2 段目）

は上のマスから 1 をそれぞれコピーするが，真ん中のマスには，上の段の隣接する二つのマスにそれぞれある 1 を足して 2 を格納する（一番右の図）.

続いて図 7.4 の左の図（第 3 段）で，やはり両端は 1 が入り，それ以外のマスは上の段の隣接する二つのマスの数値を足した値を格納する．すなわち中ほどの二つのマスには $1+2=3$ を各々格納する．さらにその下の第 4 段（右の図）でも同様に，両端のマスには 1 を入れ，それ以外のマスには上の段の隣接する二つのマスの数値を足した値を格納する.

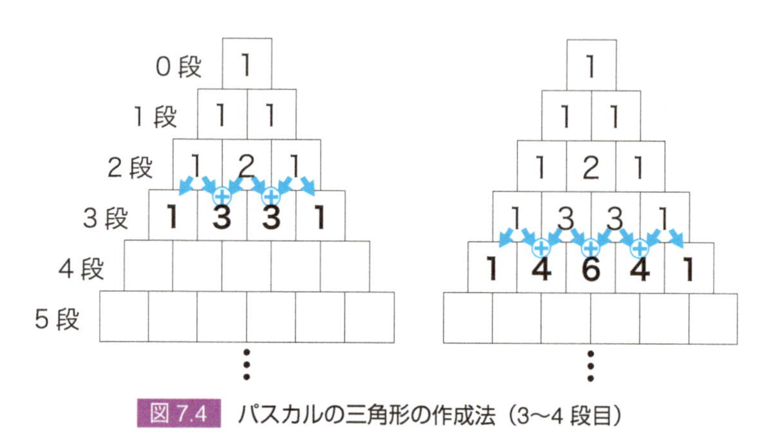

図 7.4　パスカルの三角形の作成法（3〜4 段目）

これを続けていってできるものが**パスカルの三角形 (Pascal's Triangle)** である．この手続きは無限に続けることができるが，8 段目まで作ったものを図 7.5 に示す.

もうお気づきと思うが，この図には二項係数がそのまま現れている．例えば第 1 段の 1 と 1 はそれぞれ $\binom{1}{0}$ と $\binom{1}{1}$ である．第 2 段の 1,2,1 はそれぞれ $\binom{2}{0}$, $\binom{2}{1}$, $\binom{2}{2}$ である．第 3 段にも左から $\binom{3}{0}=1$, $\binom{3}{1}=3$, $\binom{3}{2}=3$, $\binom{3}{3}=1$ が並んでおり，第 4 段にも左から $\binom{4}{0}=1$, $\binom{4}{1}=4$, $\binom{4}{2}=6$, $\binom{4}{3}=4$, $\binom{4}{4}=1$ が並んでいる.

パスカルの三角形が二項係数を示しているので（これは次に証明する），パスカルの三角形を n 段まで作成してあれば，そこから $(x+y)^n$ を展開した式を得ることができる．例えば図 7.5 の 8 段目から

$$(x+y)^8 = x^8 + 8x^7y + 28x^6y^2 + 56x^5y^3 + 70x^4y^4 \\ +56x^3y^5 + 28x^2y^6 + 8xy^7 + y^8$$

を得る.

パスカルの三角形が二項係数を表現することは，最初の数段については明

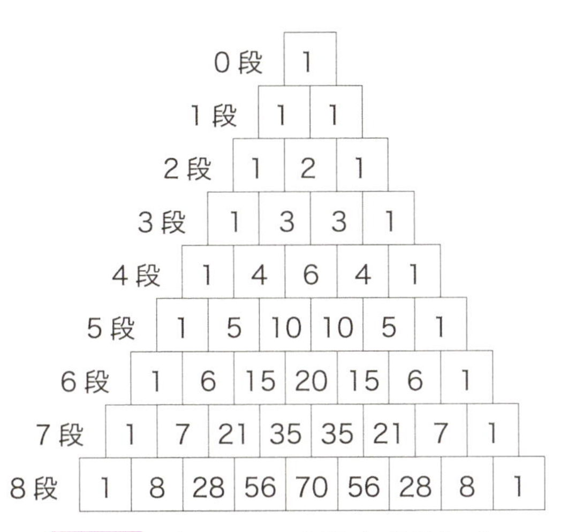

図 7.5 パスカルの三角形（8 段目まで）

らかである．これがどこまでも正しいことを証明するには，どんなに大きな整数 n についても上の作成法（上の二マスの数値の和をとる）が正しいこと，すなわち任意の整数 $n \geq 2$ と k $(1 \leq k \leq n-1)$ に対して次の式が成り立つことを証明すれば良い．

$$\binom{n}{k} = \binom{n-1}{k-1} + \binom{n-1}{k} \tag{7.9}$$

しかしこれは式 (7.8) ですでに証明されている！ したがって「パスカルの三角形が二項係数を表現していること」は証明された．

7.2.3 二項係数と部分集合の数との関係

二項係数 $\binom{n}{k}$ は k 組合せの総数であるが，k 組合せは大きさ k の部分集合と解釈することもできる．したがって二項係数 $\binom{n}{k}$ を $k = 0, 1, \ldots, n$ で足し合わせれば部分集合の総数（冪集合の大きさ）2^n（例題 2.2 参照）に等しくなければならない．すなわち，次の式が成り立つはずである．

$$2^n = \sum_{k=0}^{n} \binom{n}{k} \tag{7.10}$$

この式は二項定理（式 (7.4)）において $x = y = 1$ とおくことによって得られる．よって式 (7.10) の正しさが証明された．

例題 7.1

図 7.6 のような碁盤目の町がある．東西の通りは北から 0 条通り，1 条通り，2 条通りと続き，南端の n 条通りまである．南北の通りは西から 0 町通り，1 町通り，2 町通りと続き，東端の n 町通りまである．i 条通りと j 町通りの交差点を (i,j) 辻と呼ぶ．$(0,0)$ 辻から出発して (i,j) 辻（ただし $i,j \in \{0,\ldots,n\}$）まで遠回りをせずに到達するような経路で，異なるものの数を求めよ．ただしすべての通りは直線で，南北の通りと東西の通りは直交しており，通りの幅は考えないものとする．

解答

隣り合う通りの間隔を 1 とすると [4]，$(0,0)$ 辻から (i,j) 辻までの距離は $i+j$ である．距離 $i+j$ の経路において，南に i，東に j 進んでいることになり，この条件を満たすどのような経路も存在する．すなわち，南に i，東に j 進む進み方をすべて数え上げれば良い．辻から辻までの長さ 1 の道を街路

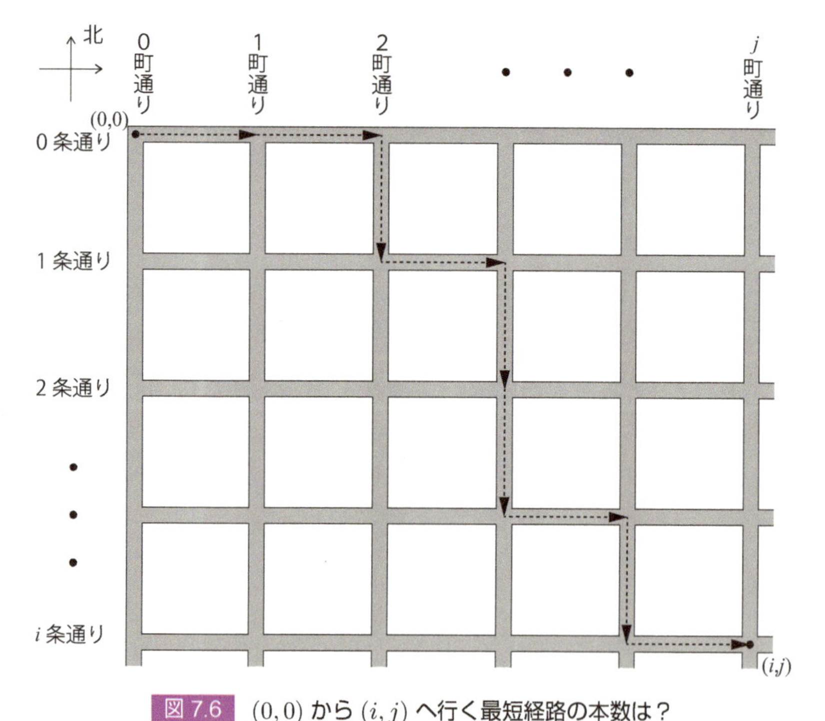

図 7.6　$(0,0)$ から (i,j) へ行く最短経路の本数は？

[4] このようにしても当然，正解に影響はない．

と呼ぶことにすると，これは $i+j$ 個の街路のうちから南に進む街路を i 個任意に選ぶ選び方であり，それは

$$\binom{i+j}{i}=\frac{(i+j)!}{i!\,j!}$$

である．

練習問題 7.1 例題 7.1 の解を各辻に入れていくと，図 7.7 のようになる．すると各数値はパスカルの三角形（図 7.5）を反時計回りに 45° 回転させたものと一致する．この理由を説明せよ．

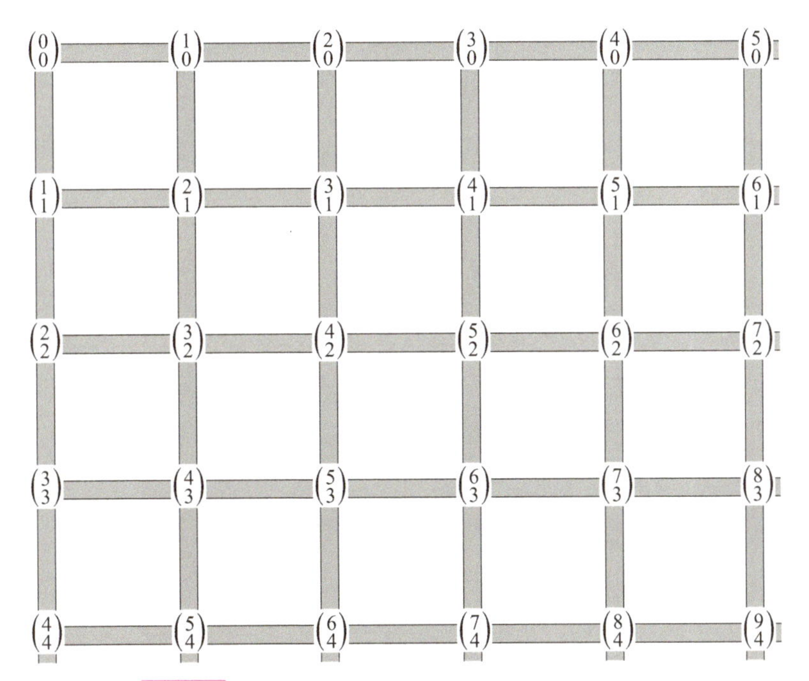

図 7.7 例題 7.1 の解とパスカルの三角形は一致する

なぜ「$1+1=2$」なのか

子供にされて親が困る質問として

「どうして $1+1$ が 2 なの？」

というのがあるようだ．「だって二つの粘土（の塊）をくっつけたら一つの粘土（の塊）になるでしょ？だから『$1+1=1$』になることもあるでしょ？」などという理屈によるものだ．

これにうまく答えられない親が多いようだが，数学にある程度詳しい者ならば，正しく回答することができる．次のように答えるのが正しい．

「そう決めたからだ．」

「$\stackrel{\text{def}}{=}$」の例として「$2 \stackrel{\text{def}}{=} 1+1$」を掲げたが，実はこれが「2の定義」なのである[5]．定義なのだから $1+1$ が 2 になるのは当然のことで，「定義である」という以上の説明はない．

では粘土の例はどうなるのかというと，それは「粘土の塊をくっつけて新しい粘土の塊を作るという操作は加法演算が適用できない例」だということだ．数学は抽象的な概念を扱っているのだから，現実には「それと似ているが実は違う」という現象がたくさんある．粘土の例は加法演算と似ているが実は違う例を持ってきているに過ぎない．なお，個数ではなく質量を比較するならば，粘土の例にも加法演算が適用できる．

これから子供に「どうして $1+1$ が 2 なの？」と聞かれたら，「そう決めたからだ」と正しく答えよう．

[5] より正確にいえば，自然数 $0, 1, 2, \ldots$ を先に帰納的に定義しておき，その間に加法演算を定義している．しかし自然数の定義と同じ構造で加法を定義しているので，数学基礎論をきちんと学ぼうとしている人でなければ，このように考えて差し支えない．詳細は文献 [1, 6] などを参照．

第8章

グラフ
――離散数学界のセンターポジション

グラフは関係を図的に見たものなのですが、応用が大変多く、計算機科学の中心概念の一つです。

「俺、この戦争が終わったら結婚するんだ」と言ったら立つやつですね。

関係を図的に捉えたものがグラフである．グラフの定義はシンプルであるが，その応用範囲は非常に広く，グラフアルゴリズムといえば，組合せ最適化の理論の中でも王道であり，関連学会の大会でも常に専門のセッションが開かれる．また古くは四色定理やラムゼー理論，最近では複雑ネットワークの理論など，常に理論と応用の両方で活気のある分野であり，いわば離散数学界のセンターポジションといったところだろうか．

8.1 グラフとは何か

通信ネットワークや電車の路線図，道路網，回路図，会社の組織図，進化系統樹，分子構造図，交流関係図など，我々のまわりのさまざまなものが関係（第5章参照）を用いて表現できる（図8.1）．これらの概念の抽象化，すなわち有限集合とその上の関係の対をグラフと呼ぶ．

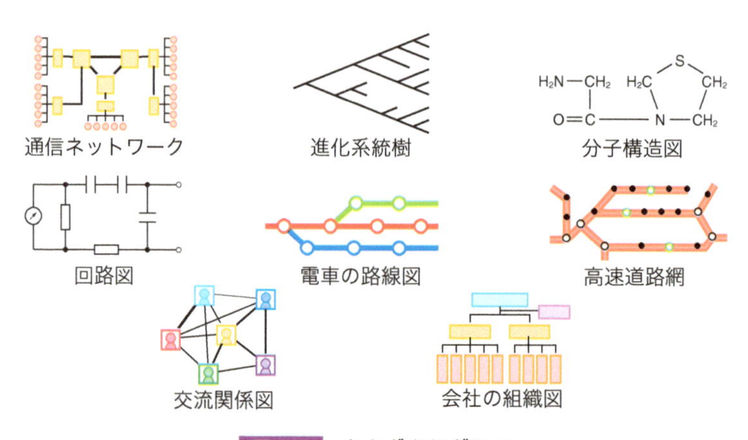

図8.1 さまざまなグラフ

グラフは離散数学の中心的分野であり，広い応用範囲を持ち，多くの魅力的な問題を含んでいる．離散数学を学ぶうえではグラフの理解は必須といえる．まずグラフの正確な定義を以下で与える．

V を有限集合[1]，$E \subseteq V \times V$ を V 上の関係とするとき，その対 (V, E) を**有向グラフ (digraph** または **directed graph)** といい，E が対称律を満たすとき**無向グラフ (undirected graph)** という．

V の元を**頂点 (vertex)**，E の元 (x, y) を，無向グラフの場合には**辺 (edge)**，有向グラフの場合には**有向辺 (directed edge)** または**弧 (arc)** という．無向グラフの場合，辺 (x, y) と辺 (y, x) は二本あるとは考えず，同一の辺であり，区別しない．

グラフを図示する場合には，頂点を小さい円で，辺を頂点間を結ぶ線分（折れ線や曲線を使うこともある）を用いる．

[1] V が無限集合であるようなものに対するグラフも定義でき，それに関する研究もされているが，ほとんどの研究および応用は V が有限集合であるので，本書でも V が有限集合であるもののみ扱う．

例 8.1

図 8.2 の左側の図は無向グラフ

$$
\begin{aligned}
G &= (V, E)\\
V &= \{v, w, x, y\}\\
E &= \{(v, w), (v, x), (v, y), (w, x), (x, y)\}
\end{aligned}
$$

を図示したものである.

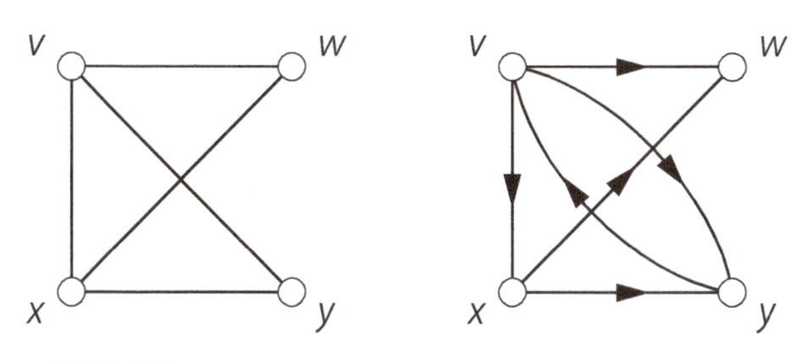

図 8.2　(左) 無向グラフと (右) 有向グラフの図示

そして図 8.2 の右側の図は有向グラフ

$$
\begin{aligned}
G &= (V, E)\\
V &= \{v, w, x, y\}\\
E &= \{(v, w), (v, x), (v, y), (x, w), (x, y), (y, v)\}
\end{aligned}
$$

を図示したものである.

8.2 グラフの用語

以降, 本書では無向グラフを前提として解説する.

(x, x) の形の辺を**自己ループ (self-loop)** という. 頂点対 $v, w \in V$ に対し, 辺 $(v, w) \in E$ が複数存在することを許す場合がある. そのような辺を**並列辺 (parallel edge)** という. 有向グラフの場合は, (v, w) と (w, v) は異なる辺なので, 並列辺とは呼ばない.

自己ループも並列辺も持たない無向グラフのことを**単純グラフ (simple graph)** といい, それらの存在を許すグラフを**多重グラフ (multigraph)**

という[2]．通常，単に**グラフ (graph)** といったときには単純グラフのことを意味するが，文脈によって有向グラフや多重グラフを意味することもある．

頂点数が n のグラフのことを **n グラフ (n-graph)** と呼ぶこともある．

グラフ $G=(V,E)$ について，$V(G)$, $E(G)$ は各々 V, E を意味する．

辺 $(v,w) \in E$ が存在するとき，頂点 v と w は互いに**隣接 (adjacent)** するという．また，辺 (v,w) は頂点 v と w に**接続 (incident)** するといい，頂点 v と w は辺 (v,w) に接続するともいう．

グラフ $G=(V,E)$ の頂点 $v \in V$ に接続する辺の本数を，v の**次数 (degree)** と呼び，$\deg_G(v)$ と表す（G が明らかな場合は $\deg(v)$ として良い）．

次数が 0 の頂点を**孤立点 (isolated vertex)**，1 の頂点を**葉 (leaf)** と呼ぶ[3]．

例 8.2

例えば図 8.3 では，自己ループ (v,v) や並列辺の $f=(x,u)$ と $g=(x,u)$ があるので，このグラフは単純グラフではなく多重グラフである．このグラフで，頂点 v と w は隣接しており，辺 $e=(v,w)$ は頂点 v と w に接続している．頂点 w には $e=(v,w)$, (y,w), (u,w), (z,w) の 4 本の辺が接続しているので，$\deg(w)=4$ である．頂点 x には (v,x), (y,x), $f=(u,x)$, $g=(u,x)$ の 4 本の辺が接続しているので $\deg(x)=4$，頂点 v には辺 $e=(w,v)$, (y,v), (x,v) のほか (v,v) が二度接続している[4] ので $\deg(v)=5$，頂点 s には辺 (z,s) が接続しているのみなので $\deg(s)=1$ である．このグラフでは頂点 s が葉である．

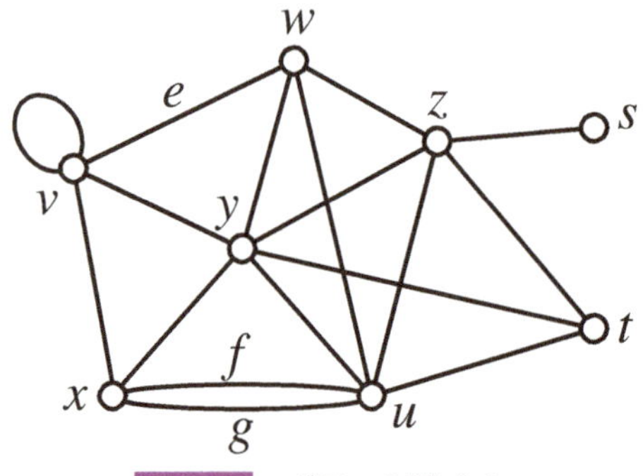

図 8.3 グラフの例（1）

[2] 多重グラフは自己ループや並列辺の存在を「許す」のであって，それらが存在しなくても良い．すなわち，単純グラフは多重グラフでもある．

[3] 次数が 0 の頂点（すなわち孤立点）も葉と呼ぶ場合もある．

[4] 自己ループは二度数えることに注意．

グラフ $G=(V,E)$ の二つの頂点部分集合 $X, Y \subseteq V$ に対し，X, Y 間の辺集合を

$$E_G(X,Y) \stackrel{\text{def}}{=} \{(x,y) \in E \mid x \in X, y \in Y\}$$

とする．$E_G(X, V-X)$ を $E_G(X)$ と記述することもある．$E_G(\{v\})$ は誤解の恐れがない場合には $E_G(v)$ と記述しても良い．$\deg_G(X) \stackrel{\text{def}}{=} |E_G(X)|$ とする．$\deg_G(v) = |E_G(v)|$ であるので，この定義は $\deg_G$ の定義と整合している．なお，G が明らかな場合は，$E_G(X,Y)$ や $E_G(X)$ は $E(X,Y)$ や $E(X)$ などと表記して良い．

例 8.3

例えば図 8.4 のグラフにおいて，$X = \{v,x\}$，$Y = \{w,y,z\}$ とすると，$E(X,Y) = \{(v,w),(v,y),(x,y)\}$，$E(X) = \{(v,w),(v,y),(x,y),(x,u)\}$ である．

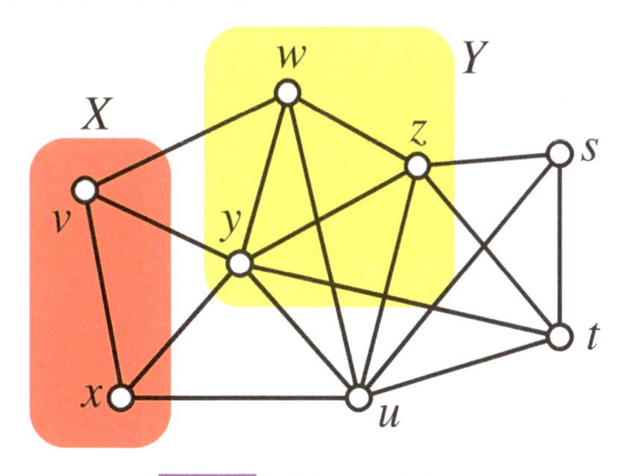

図 8.4　グラフの例 (2)

二つのグラフ $G=(V,E)$ と $G'=(V',E')$ の間に $V' \subseteq V$ かつ $E' \subseteq E$ の関係があるとき，G' は G の**部分グラフ (subgraph)** という．$G=(V,E)$ の部分グラフ $G'=(V',E')$ が，$V'=V$ を満たすとき，G' は G の**全域部分グラフ (spanning subgraph)** という．$G=(V,E)$ の部分グラフ $H=(W,F)$ が，

$$F = \{(v,w) \in E \mid v, w \in W\}$$

を満たすとき，H は G の**誘導部分グラフ (induced subgraph)**，あるいは W **によって誘導される部分グラフ (subgraph induced by** W**)** とい

い，H は $G(W)$ と表現される．

例 8.4

例えば図 8.5 の二つのグラフはいずれも図 8.4 のグラフの部分グラフであるが，特に左のグラフは全域部分グラフであり，右のグラフは $\{v, x, y, z, u\}$ による誘導部分グラフである．

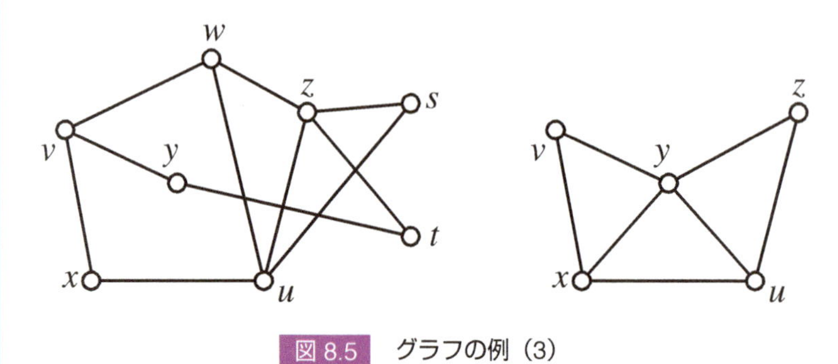

図 8.5 グラフの例 (3)

以下の形をしているグラフ P を**路**(みち) (path) という．

$$V(P) = \{x_0, x_1, \ldots, x_k\}$$
$$E(P) = \{(x_0, x_1), (x_1, x_2), \ldots, (x_{k-1}, x_k)\}$$

また，路であるような部分グラフも路と呼ぶ．上記の路 P は，その頂点を順に並べることで

$$P = \langle x_0, x_1, \ldots, x_k \rangle$$

のように表記することもある．路 $\langle x_0, x_1, \ldots, x_k \rangle$ の長さは k である．一頂点のみ（で辺を持たない）のグラフも路と考え，**自明な路 (trivial path)** と呼ぶこともある．自明な路の長さは 0 である．

$P = \langle x_0, x_1, \ldots, x_k \rangle$ はその両端点を用いて x_0-x_k **路** (x_0-x_k **path**) と呼ぶこともある．x_0 と x_k を路 $\langle x_0, x_1, \ldots, x_k \rangle$ の**端点 (terminal)** と呼ぶ．両端点が等しい路のことを**閉路 (cycle)** という（図 8.6）．

同じ辺を二度以上使用しないような路や閉路を**初等的 (elementary)** であるといい，同じ頂点を二度以上使用しないような路や閉路[5] を**単純 (simple)** であるという．単純な路は初等的であるが，その逆は必ずしも成立しない．

[5] 閉路の場合は始点と終点はもちろん同じ頂点でなければならないので，それ以外の頂点を二度使用しないことになる．

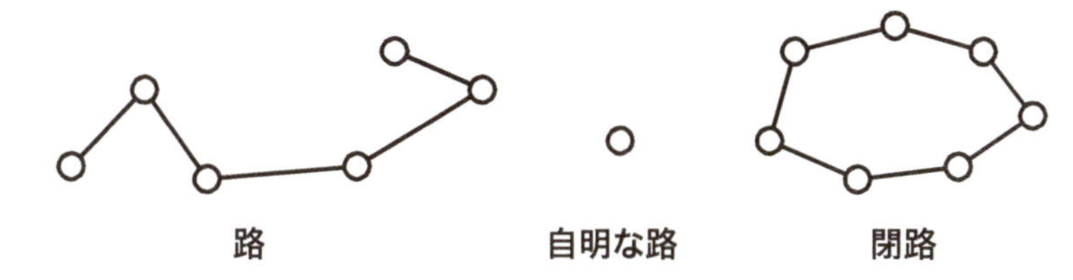

図 8.6　路と自明な路と閉路

例 8.5

例えば図 8.7 の左のグラフで路 $\langle s, v, w, x, y, v, w, t \rangle$ は辺 (v, w) を二度使用しているので初等的ではなく，頂点 v と w を二度使用しているので単純でもない．真ん中のグラフで路 $\langle s, v, x, y, v, t \rangle$ はどの辺も一度ずつしか使用していないので初等的であるが，頂点 v を二度使用しているので単純ではない．右のグラフで路 $\langle s, v, w, t \rangle$ はどの辺も頂点も一度ずつしか使用していないので初等的かつ単純である．

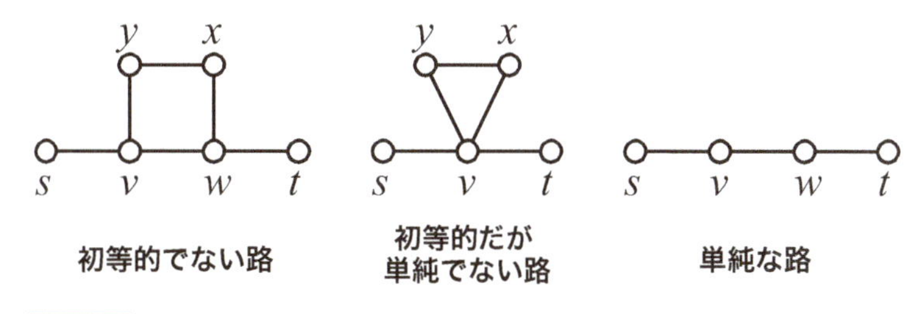

図 8.7　（左）初等的でない路と（中）初等的だが単純でない路と（右）単純な路

グラフ $G = (V, E)$ の頂点対 $v, w \in V$ に対し v-w 路が存在するとき，v と w は**連結 (connected)** であるという．グラフ $G = (V, E)$ の任意の頂点対 $v, w \in V$ が連結であるとき，グラフ G は連結であるという．

グラフ $G = (V, E)$ の極大な連結誘導部分グラフ $G(W)$ を**連結成分 (connected component)** と呼ぶ．なお，ここの「極大」の意味は，「$W \subseteq V$ で誘導される部分グラフは連結であるが，任意の $v \in V - W$ に対して $W \cup \{v\}$ で誘導される部分グラフは連結ではない」ということを意味する．W そのものを連結成分と呼ぶこともある．

例 8.6

例えば図 8.8 は一つのグラフを表しているとすると，このグラフは非連結であり，これは $\{v, w, x, y, u\}$ と $\{z, s, t\}$ の二つの連結成分からなっている．

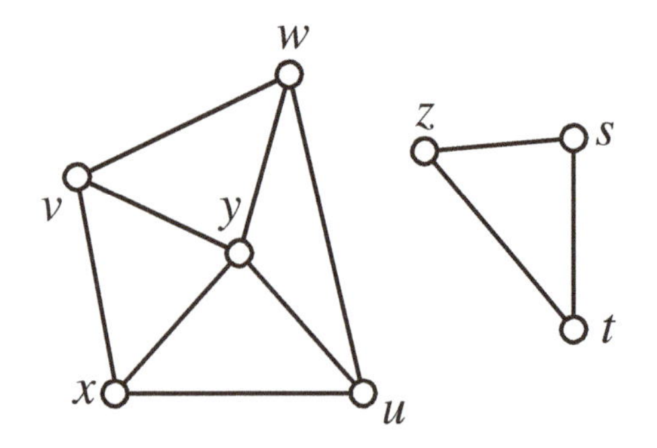

図 8.8　二つの連結成分 $\{v, w, x, y, u\}$ と $\{z, s, t\}$

8.3 さまざまなグラフ

8.3.1 木と森

閉路を部分グラフとして含まないようなグラフのことを**森** (**forest**) といい，連結な森のことを**木** (**tree**) という（図 8.9）．路も木の一種である．一頂点のみ（で辺をもたない）のグラフも木と考え，これを**自明な木** (**trivial tree**) と呼ぶこともある．森の連結成分は木である．

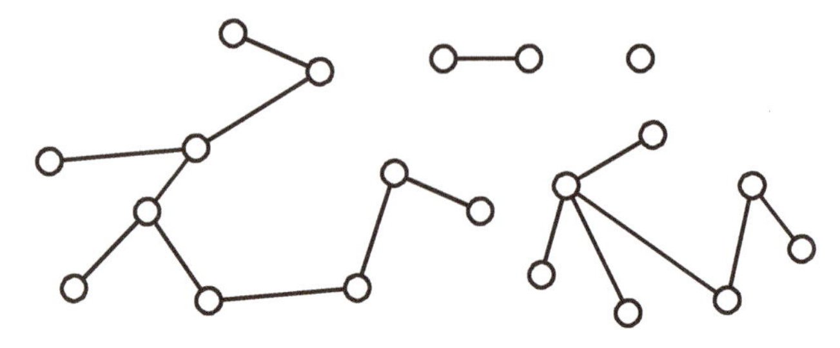

図 8.9　木と森
一つ一つの連結成分は木（そのうちの一つは自明な木）であり，全体で一つのグラフを表していると考えると，それは 4 つの木から構成される森である

補題 8.1

自明でない木には葉が二つ以上存在する．

証明

自明でない任意の木を T とする．連結かつ頂点数が 2 以上なので，孤立点は存在しない．

まず葉が一つもないと仮定する．任意の頂点を選び，$v_0 \in V(T)$ とする．v_0 の隣接頂点の一つを任意に選び $v_1 \in V(T)$ とする．$\langle v_0, v_1 \rangle$ は路である．仮定より v_1 は葉ではないので，v_0 以外に隣接頂点を持つので，そのうちの一つを任意に選び $v_2 \in V(T)$ とする．$\langle v_0, v_1, v_2 \rangle$ は路である．同様の議論を v_2 に適用し，v_2 の隣接点で v_1 と異なるものを任意に一つ選び $v_3 \in V(T)$ とすることで，路 $\langle v_0, v_1, v_2, v_3 \rangle$ を得る．このとき，もし v_3 が v_0, v_1, v_2 のどれか一つ（v_i とする）と等しい（$v_3 \neq v_2, v_1$ であるので，結果的に $v_3 = v_i = v_0$ となる）ならば，$\langle v_0, v_1, v_2, v_3 = v_0 \rangle$ が閉路となり，T が木であることに反する．よって v_3 は v_0, v_1, v_2 のどれとも等しくない．このことは $\langle v_0, v_1, v_2, v_3 \rangle$ が単純路であることを意味する．同様の議論を続けていくことで任意の正整数 k に対して単純な路 $\langle v_0, v_1, \ldots, v_k \rangle$ を作ることができるが，これは $V(T)$ が有限集合であることに反する．よって少なくとも一つ葉が存在する．

次に葉が一つしかないと仮定する．葉のうちの一つを $v_0 \in V(T)$ とすると，v_0 以外の頂点の次数は 2 以上であることになり，上記と同様の議論を展開することができるのでやはり矛盾する．よって葉は二つ以上存在する．■

補題 8.2

木の頂点数を n，辺数を m とすると，

$$m = n - 1 \tag{8.1}$$

が成り立つ．

例 8.7

例えば図 8.9 の一番左の木（連結成分）を考えると，$n = 10, m = 9$

なので式 (8.1) を満たしている．他の三つの木も同様に満たしていることは簡単に確かめられよう．

補題 8.2 の証明

頂点数の帰納法で証明する．$n = 1$ の場合は，$m = 0$ なので成立している．

n を 2 以上の整数とし，頂点数が $n-1$ の場合に成立していると仮定する．頂点数が n である任意の木 T を考える．補題 8.1 より葉 $v \in V(T)$ が存在する．v の唯一の隣接頂点を w とする．T から v と辺 (v, w) を削除することで部分グラフ $T' = (V(T) - \{v\}, E(T) - \{(v, w)\})$ が得られるが，v が T の葉であることから，T' もやはり連結かつ閉路を含まない．したがって T' は頂点数 $n-1$ の木であるので，帰納法の仮定よりその辺数は $(n-1)-1 = n-2$ である．よって T の辺数は $(n-2)+1 = n-1$ となり，式 (8.1) が成り立つ．■

グラフ $G = (V, E)$ の全域部分グラフでかつ木であるものを G の**全域木** **(spanning tree)** という．

例 8.8

例えば図 8.10 の赤で示した辺と全頂点からなるグラフは図 8.4 のグラフの全域木の一例である（全域木として使用しない辺は破線で示してある）．

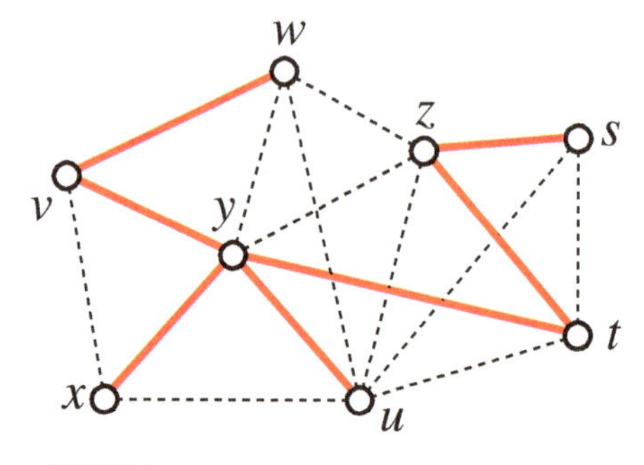

図 8.10　図 8.4 のグラフの全域木の例

補題 8.3

任意の連結グラフに対し，全域木が存在する．

証明

連結グラフ $G = (V, E)$ が閉路を持たないならば，それは木であるので，それそのものが全域木である．よって以下では G が閉路を持つと仮定する．

閉路のうちの任意の一つを $C = \langle v_0, v_1, \ldots, v_{k-1}, v_0 \rangle$ とする．辺 (v_0, v_1) を G から削除したグラフを $G' = (V, E')$ とする（$E' = E - \{(v_0, v_1)\}$ である）．このとき，G' は連結であることを以下で示す．

> G' が連結でないと仮定する．すなわち，ある $v, w \in V$ に対し，G' において v と w は非連結である．G は連結であるので，G においては v と w は連結であり，すなわち v-w 路が存在する．それを P とすると，P は (v_0, v_1) を含んでいなければならない．よって
>
> $$P = \langle v = u_0, u_2, \ldots, u_q = v_0, v_1 = u_{q+1}, u_{q+2}, \ldots, u_p = w \rangle$$
>
> のように表すことができる．ここで
>
> $$P' = \langle v = u_0, u_2, \ldots, u_q = v_0, v_{k-1}, v_{k-2}, \ldots, v_2, v_1 = u_{q+1}, u_{q+2}, \ldots, u_p = w \rangle$$
>
> はやはり v-w 路となる[6]ので，v と w が非連結であることに反する．

以上より G' は連結でなければならない．

ここで $|E'| = |E| - 1$ である．G' が木ならば，全域木が得られたことになる．もし木でない場合には，G' を上の G と考えて同様の議論を適用することで，さらに辺数の少ない連結全域部分グラフを得ることができる．$|E|$ は有限なので，この議論は有限回で停止しなければならず，すなわち，必ず全域木が得られる． ■

---

[6] C と P が (v_0, v_1) 以外にも辺を共有している場合もあり，その場合には P' は初等的でない（同じ辺を二度以上使用する）ことになるが，それは連結性の定義に無関係であり，問題ない．

8.3.2 二部グラフ・完全グラフ・完全二部グラフ

グラフ $G = (V,E)$ の頂点集合 V に対し，分割 $\{X,Y\}$ が存在し，$G(X) = (X,\emptyset)$ かつ $G(Y) = (Y,\emptyset)$ である（すなわち，X に属する頂点間には辺が存在せず，Y に属する頂点間にも辺が存在しない[7]）とき，G は**二部グラフ (bipartite graph)** といい，$G = (X,Y;E)$ などと表現できる．X と Y の各々を**部 (part)** と呼ぶ．

すべての頂点間に辺の存在するグラフのことを**完全グラフ (complete graph)** といい，n 頂点の完全グラフを K_n で表す．二部グラフ $G = (X,Y;E)$ が

$$(\forall x \in X)(\forall y \in Y)((x,y) \in E)$$

であるとき，**完全二部グラフ (complete bipartite graph)** という．完全二部グラフ $G = (X,Y;E)$ を $|X| = p$ と $|Y| = q$ を用いて $K_{p,q}$ と表す（図 8.11）．

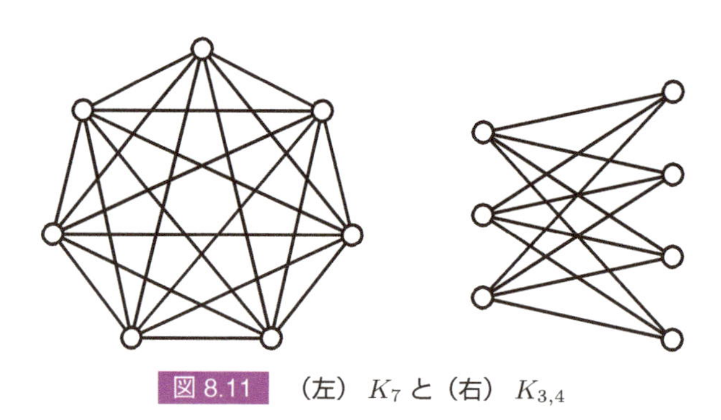

図 8.11　（左）K_7 と（右）$K_{3,4}$

定義より次が成り立つ（証明は省略する）．

命題 8.4

完全グラフ K_n の辺数は $\binom{n}{2} = n(n-1)/2$ であり，完全二部グラフ $K_{p,q}$ の辺数は pq である．

8.3.3 平面グラフとオイラーの多面体公式

グラフを平面上に辺を交差させることなく描くことを**平面描画 (plane**

[7] さらに言い換えれば，すべての辺は X と Y の間にのみ存在する．

drawing) という．平面描画可能なグラフのことを**平面的グラフ** (**planar graph**) といい，平面描画したグラフのことを**平面グラフ** (**plane graph**) という．

例 8.9

例えば図 8.12 の上の二つのグラフ（左は K_4 で右は K_5）の描画はどちらも辺の交差があるので，平面描画ではなく，平面グラフではない．しかし同じ K_4 でも左下の描画は辺の交差がなく，これは平面グラフである．したがって K_4 は（平面描画可能なので）平面的グラフである．一方，K_5 はどのように工夫しても平面描画はできない．例えば右下のように，どうしても一組の辺が交差してしまう．したがって K_5 は平面的グラフではない．

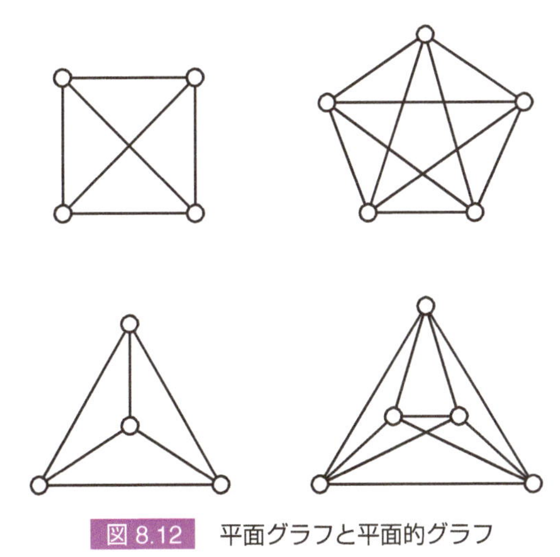

図 8.12　平面グラフと平面的グラフ

このように平面グラフと平面的グラフとは定義が異なっている[8]が，両者を厳密に区別する必要がないような場合には[9]，両者を総称して単に「平面グラフ」と表現することが多い．

平面グラフは辺によって平面をいくつかの連続する領域に分割する．それらを**面** (**face**) という．

[8] 「平面グラフ」といった場合には，グラフとその描画が組になって定義されている必要があるが，「平面的グラフ」といった場合には平面描画可能であれば良いのであって，描画そのものが与えられている必要はない．

[9] 平面描画法の議論をする場合には，両者の区別が必要となる．

例 8.10

例えば図 8.13 の平面グラフには 9 個の面がある．なお，グラフの外側の無限面も一つの面（これを**外面**と呼ぶ）であることに注意すること．

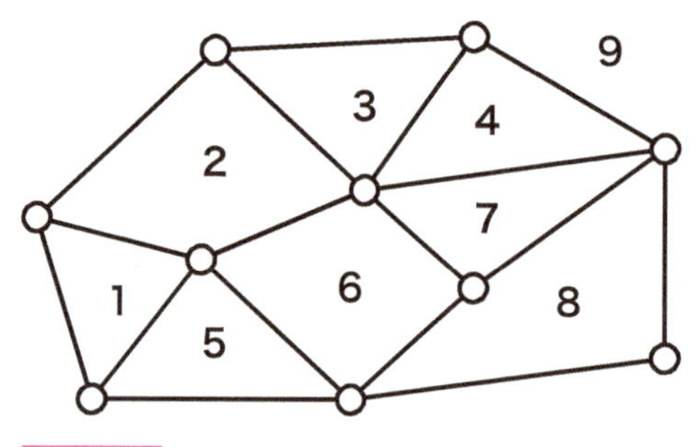

図 8.13　この平面グラフには 9 個の面がある

定理 8.5（オイラーの多面体公式）

任意の連結な平面多重グラフ [10] について，その頂点数を n，辺数を m，面の数を h とすると次式が成り立つ．

$$n + h = m + 2 \tag{8.2}$$

式 (8.2) を**オイラーの多面体公式** [11] という．

例 8.11

例えば図 8.13 の平面グラフの場合，$n = 10$, $m = 17$, $h = 9$ であるので，式 (8.2) を満たす．

定理 8.5 の証明

本証明において，多重グラフのことを単にグラフと書く．任意の連結平面グラフを $G = (V, E)$ とする．G は連結なので，補題 8.3 より全域木

[10] 多重グラフは単純グラフを含む．
[11] グラフは多面体の一般化と考えることができる．式 (8.2) はもともと多面体について成り立つとして与えられたものなので，この名前がついている．

$T = (V, E')$ が存在する．T は木であるので，面が一つ，すなわち $h = 1$ であり，補題 8.2 より $|E'| = |V| - 1$ であるので，式 (8.2) を満たす．

任意の連結平面グラフ $H = (W, F)$ から連結性を失わないように辺 $(v, w) \in F$ を削除して $H' = (W, F' = F - \{(v, w)\})$ を得たとする．H' も平面グラフである．H は H' に比べて辺数は 1 多いが，(v, w) によって一つの面が分離されているため，面の数も 1 多い．頂点数は同じである．したがって，H' が式 (8.2) を満たすならば，H も式 (8.2) を満たす．

$G = (V, E)$ は $T = (V, E')$ に辺を有限本数[12] 付与していくことで得られるので，帰納法によって G が式 (8.2) を満たすことが証明される．■

例題 8.1

オイラーの多面体公式を用いて，K_5 が平面的グラフでないことを証明せよ．

解答

K_5 が平面描画できたと仮定する．グラフの平面描画において，すべての面は 3 本以上の辺で囲まれている．一方で，各辺の両側に面が存在する．したがって辺の数 m と面の数 h の間には次の関係が成り立つ（この式の意味が良くわからない人はこの証明の後ろの解説を参照）．

$$3h \leq 2m \tag{8.3}$$

これをオイラーの多面体公式（式 (8.2)）に代入して h を消去して変形すると次の式を得る．

$$3n \geq m + 6 \tag{8.4}$$

しかし K_5 において $n = 5$, $m = 10$ であるので，これを式 (8.4) に代入すると，左辺は 15 で右辺は 16 となり，式を満たさず，矛盾．

解説

上の証明における式 (8.3) の解説を加えておく．平面描画可能である K_4 を使って説明する．K_4 の平面描画は図 8.14 の左のようになるが，各面をその中心から頂点に放射状に伸びる三本の線分（図の破線）で三分する．この分

[12] 正確には $|E| - n + 1$ 本．

割で得られた面の断片を分面と呼ぶことにする．さらに各辺を縦に割く形で二本の平行な細い辺に分割する．この分割で得られた細い辺を細辺と呼ぶことにする．隣り合っている分面と細辺とを一対一に対応させることができるので，分面と細辺の数は等しいことがわかる．分面の数は面の数の 3 倍なので $3h$ であり，細辺の数は辺の数の 2 倍なので $2m$ である．以上から式 (8.3) の不等号を等号に直した式

$$3h = 2m \tag{8.5}$$

を得る．一般に面はちょうど三本の辺で囲まれているとは限らず四本以上の辺で囲まれている場合もある，したがって式 (8.5) に比べて辺の数が増える可能性があるので，式 (8.3) を得る．

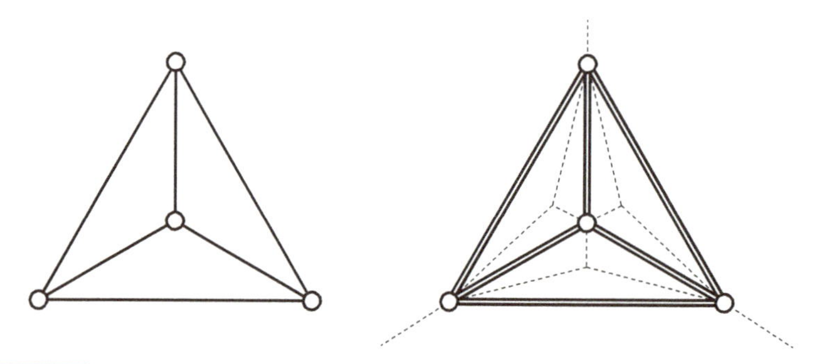

図 8.14　完全グラフ（この例では K_4）の平面描画に対し，各面を三分し，各辺を二分すると一対一に対応する

練習問題 8.1　オイラーの多面体公式を用いて，$K_{3,3}$ が平面的グラフでないことを証明せよ．

（**ヒント**：$K_{3,3}$ は二部グラフであるので，長さ最小の閉路の長さは（3 ではなく）4 である．

8.4 ピックの定理の証明

オイラーの多面体公式を用いて，ピックの定理（1.1 節参照）を証明することができる．ここでピックの定理を定理の形できちんと記述しておく．

まず用語を定義しておく．平面上の幅が 1 の格子の格子点を頂点とする多角形を**格子多角形** (**grid polygon**) と呼ぶ．格子多角形 P のうち，P の境

界上にある格子点を P の**境界格子点** (**boundary grid point**)，P の内部（境界を除く）にある格子点を P の**内部格子点** (**inner grid point**) と呼ぶ．格子多角形の中で，n 角形であり，境界格子点がちょうど n 個（すなわち頂点以外の格子点を持たない）で，内部格子点を持たないようなものを**基本 n 角形** (**elemental n-gon**) と呼ぶ．

定理 8.6（ピックの定理 (Pick's theorem)）

幅が 1 の格子の格子点を頂点とする格子多角形 P について，P の内部格子点の個数を x，境界格子点の個数を y とすると，P の面積 S について次の式が成り立つ．

$$S = x + \frac{y}{2} - 1 \tag{8.6}$$

式 (8.6) を**ピックの公式** (**Pick's Formula**) という．
本定理の証明の前に補題を示しておく．

補題 8.7

基本三角形の面積は 1/2 である．

証明

基本三角形に，それを 180° 回転させたものを，一組の対応する辺で貼り合わせて作った図形は基本四角形であり，平行四辺形であるのでこれを基本平行四辺形と呼ぶことにする（図 8.15）．基本平行四辺形はその平行移動させて作った複製を並べていくことで，平面を隙間も重なりもなく埋め尽くすことができる（図 8.16）．このとき，各々の基本平行四辺形は四つの格子点を頂点として持ち，各々の格子点は四つの基本平行四辺形の頂点である．したがって各格子点をそれを頂点として持つ基本平行四辺形のうちの一つを規則的に対応させることで，一対一対応を作ることができる．このことから，基本平行四辺形は格子点と同数存在する [13] ことがわかる．したがって，任意の基本平行四辺形は単位格子（基本四角形で正方形のもの）と面積が等しく，1 であることがわかる．よって基本三角形の面積は 1/2 である．■

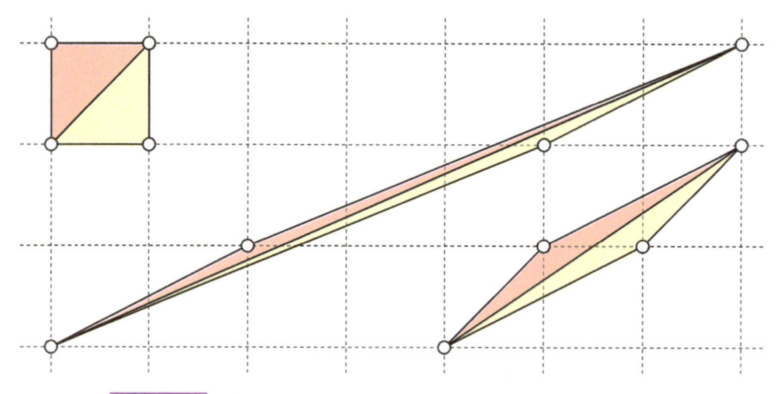

図 8.15　基本三角形とその複製からなる基本平行四辺形

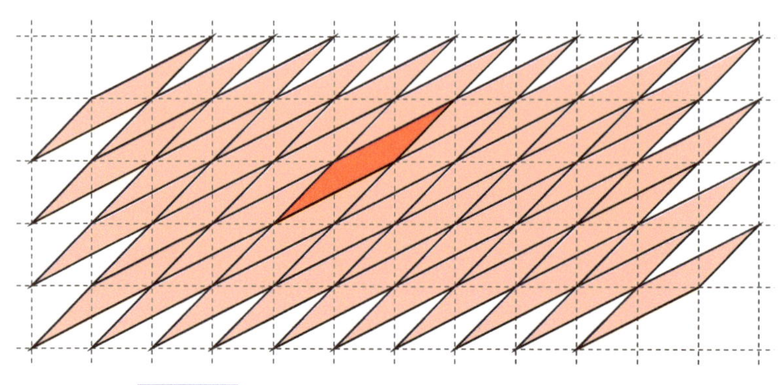

図 8.16　基本平行四辺形による平面の埋め尽くし

定理 8.6 の証明

格子多角形 P を基本三角形で分割した図形[14] をグラフ G と考える．すなわち，P の境界格子点と内部格子点を G の頂点，P の境界の辺および，基本三角形分割によってできた線分を G の辺と考える（図 8.17）．

G は平面グラフであり，その頂点数，辺数，面数を各々 n, m, h とすると，この三者には式 (8.2) が成立している．また，

$$n = x + y \tag{8.7}$$

[13] 無限個存在するもの同士を比較するのに「同数」という用語は実は不適切である．さらに一対一対応が存在するだけでは，無限集合の場合は濃度が等しいことを意味するのみで，その面積の議論には不十分である（詳しくは第 9 章参照）．この部分を厳密に証明するためには，十分に広い正方形領域を考え，その正方形領域の面積の増加に従って，そこに含まれる格子点の数と基本平行四辺形の数の比がかぎりなく 1 に近づいていくことを利用して証明する必要がある．しかし，その議論は少々面倒かつ高等であり，それを使わずとも諸兄は直感的に納得できると思われるので，本書では省略する．

[14] 厳密にいえば，これが常に可能であることは証明する必要があるが，本書では省略する．

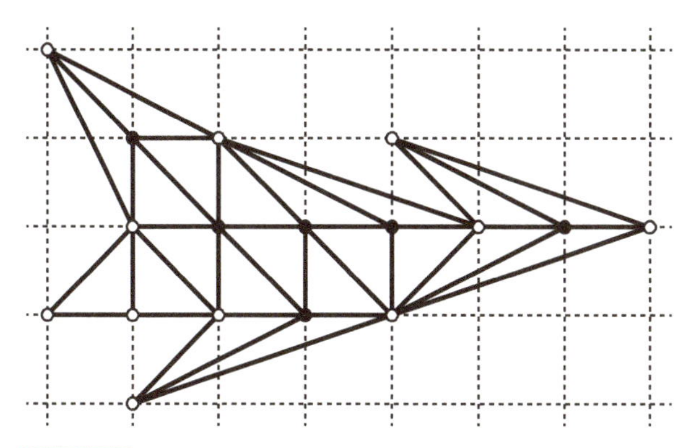

図 8.17　図 1.2 の格子多角形の基本三角形分割の例
内部格子点は黒丸，境界格子点は白丸で示している

である．

各辺の両側に面があり，各面のまわりには，P の外面を除いて三本の辺があり，外面のまわりにはちょうど y 本の辺があることから，次の式が成り立つ．

$$2m = 3(h-1) + y \tag{8.8}$$

式 (8.7) と式 (8.8) を式 (8.2) に代入して n と m を消去すると，

$$\begin{aligned} x + y + h &= \frac{3(h-1)+y}{2} + 2 \\ \therefore \quad h &= 2x + y - 1 \end{aligned} \tag{8.9}$$

を得る．ここで外面以外の面は基本三角形であるので，補題 8.7 より

$$S = \frac{h-1}{2} \tag{8.10}$$

である．式 (8.9) と式 (8.10) より，

$$S = \frac{2x+y-2}{2} = x + \frac{y}{2} - 1$$

となり，式 (8.6) を得る．■

練習問題 8.2　さまざまな格子多角形について，ピックの定理が成り立つことを確かめよ．

8.5 オイラー路とオイラー閉路

1.2 節で扱ったオイラー路とオイラー閉路はグラフ上の概念として説明できる．なお本節ではグラフとは多重グラフであるとする．

グラフ $G=(V,E)$ の部分グラフで，G のすべての辺を通る初等的な路（すなわち，すべての辺をちょうど一度ずつ通る路）を**オイラー路 (Eulerian path)** という．閉路であるようなオイラー路のことを**オイラー閉路 (Eulerian circuit)** という．グラフにおいて次数が偶数の点を**偶点**，奇数の点を**奇点**と呼ぶ．

定理 1.1 をグラフの用語を使って記述すると，次のようになる．

定理 8.8

連結多重グラフがオイラー閉路を持つ必要十分条件は奇点が存在しないことである．また，連結多重グラフが閉路でないオイラー路を持つ必要十分条件は奇点の数が 2 個であることである．

図 1.6 の黒点と白点を頂点と解釈すれば，これはグラフ（ただし多重グラフ）になる．図 8.18 は図 1.6 の再掲である．

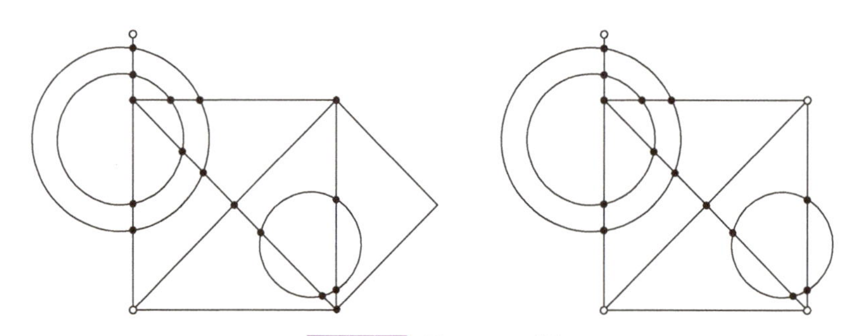

図 8.18　図 1.6 の再掲

定理 8.8 の証明の前に，奇点の数に関する次の補題を証明しておく．

補題 8.9

多重グラフの奇点の数は偶数である．

証明

次数の合計を D，すなわち

$$D = \sum_{v \in V} \deg(v)$$

とする．各辺は二つの頂点に接続しているので，D は偶数である．したがって奇点の個数は偶数でなければならない． ■

定理 8.8 は，いくつかの補題に分けて証明していく．

補題 8.10

多重グラフがオイラー閉路を持つならば奇点は存在しない．

証明

グラフがオイラー閉路 C を持つと仮定する．C に沿って辺と頂点をたどっていくことを考えると，頂点を通過するごとに，そこに入る辺と出る辺が異なる辺として存在する．C はすべての辺を一度ずつ使用していることから，C が頂点 v を通過する回数を k_v とすると，頂点 v の次数は $2k_v$ でなければならない．したがって，どの頂点も偶点である． ■

補題 8.11

連結多重グラフに奇点が存在しないならば，オイラー閉路を持つ．

証明

頂点数 n の帰納法で証明する．

$n = 1$ の場合は，辺は存在するとしても自己ループ[15]のみであり，明らかにオイラー閉路が存在する（図 8.19）．

次に n を 2 以上の整数とし，頂点数が $n-1$ の場合には題意が成り立つと仮定する．頂点数 n の，奇点を持たない任意のグラフ $G = (V, E)$ を考える．G に自己ループが存在する場合，そのすべての自己ループを削除したグラフにオイラー閉路が存在すれば，明らかに元のグラフにもオイラー閉路が存在する[16]ので，G には自己ループはない場合を証明

[15] 並列の自己ループが複数存在する可能性はある．
[16] オイラー閉路が頂点を通る際に，そこに接続する自己ループも経由するようにすれば良い．

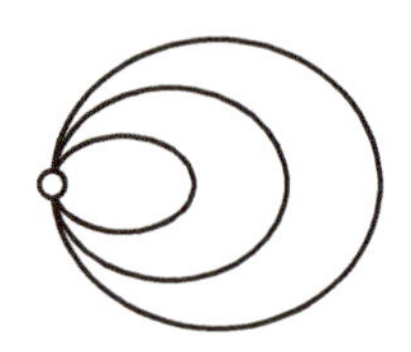

図 8.19　$n = 1$ のグラフの例

すれば十分である．

ある頂点 $v \in V$ で，G から v を削除したグラフ（すなわち，$V - \{v\}$ で誘導される G の部分グラフ）がなお連結であるようなものが存在する．なぜならば，例えば G の全域木（補題 8.3 より必ず存在する）の葉にあたる頂点（補題 8.1 より必ず存在する）を v として選べば良いからである．

G から v を削除したグラフを $G' = (V', E')$，$V' = V - \{v\}$，$E' = E(G(V'))$ とする．G における v の次数は偶数なので v に接続する辺は $(v, w_1), (v, w_2), \ldots, (v, w_{2k})$（$k$ は正整数）と書ける（ただし $w_1, \ldots, w_{2k}$ の中に同じ頂点が複数回現れる可能性もある）．G' に k 本の辺 $(w_1, w_2), (w_3, w_4), \ldots, (w_{2k-1}, w_{2k})$ を加えたグラフ $G'' = (V', E'')$，$E'' = E' \cup \{(w_1, w_2), (w_3, w_4), \ldots, (w_{2k-1}, w_{2k})\}$ を考える（図 8.20）．G'' の頂点数は $n - 1$ であり，その作製法より奇点を持たず連結なので，仮定よりオイラー閉路 C が存在する．

C において，E' から E'' を作成するときに付与した辺 (w_{2i-1}, w_{2i})，$i \in \{1, \ldots, k\}$ を通過するときに (w_{2i-1}, v) と (v, w_{2i}) を通過するように変更することで，G 上のオイラー閉路が得られる．したがって G にもオイラー閉路が存在する．

以上から任意のグラフについて題意が証明された．■

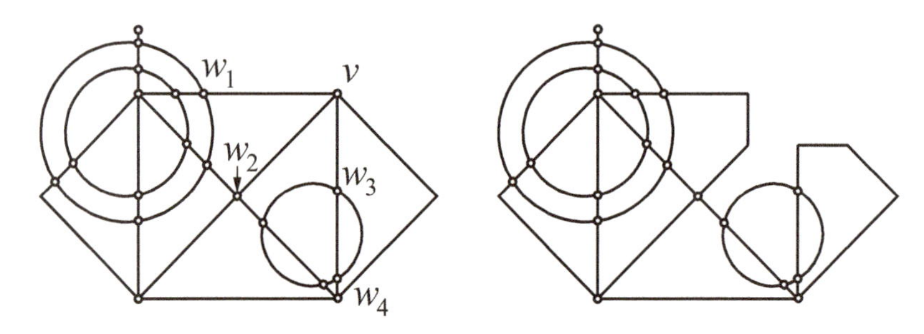

図 8.20　G（左）の右上の頂点を v として作成した G''（右）

定理 8.8 の証明

補題 8.10 と 8.11 より題意の前半，すなわち「連結多重グラフがオイラー閉路を持つ必要十分条件は奇点が存在しないこと」は証明された．よって以下で題意の後半，すなわち「連結多重グラフが閉路でないオイラー路を持つ必要十分条件は奇点の数が 2 個であること」を証明する．以下の本証明内では「オイラー路」とは閉路ではないオイラー路のことを示すことにする．

グラフ $G=(V,E)$ にオイラー路 P が存在すると仮定する．P の始終点を s,t とする（仮定より $s \neq t$）．G に辺 (t,s) を加えたグラフ G' を考えると，G' は P の最後に辺 (t,s) を加えることによってオイラー閉路となる．したがって G' の頂点はすべて偶点である．よって，G においては，s と t の 2 点のみが奇点である．

次にグラフ $G=(V,E)$ がちょうど二つの奇点 s と t を持つとする．G に辺 (t,s) を加えたグラフ G' を考えると，G の頂点はすべて偶点になるので，G はオイラー閉路 C を持つ．C より辺 (t,s) を除くと，それは G' 上のオイラー路となり，s と t がそれぞれ始終点となる．

以上から題意の後半も証明できた．■

無限集合

——「対角線論法」を知らずして「面白い証明」を語るなかれ

無限集合になると
何が変わるんですか？

ゼノンのパラドックスとか
無限ホテルの問題とか
バナッハ・タルスキーの逆理
とか、直感に反する奇妙な
結果が得られたりしますね。
楽しいですよ。

後ろの二つは初めて聞いた。

通常は「離散数学」といえば有限集合を扱うが，本章では無限集合に触れておく．その中でもギリシャ数学から連綿と続く「数学の女王」の数論（素数の理論）と，19 世紀末にカントールによって与えられた集合の濃度の世界について，その基礎部分を解説する．特に「対角線論法」は，その重要さと簡潔さ，思いつきの見事さ，すべての面で突出し，高等数学を学ぶ全員が知っておくべき技法であると確信する．

9.1 素数

9.1.1 素数とは何か

離散数学は基本的に有限集合を対象とするが，ここで無限集合について基本の部分をごく簡単に解説しておく．本章で取り扱う集合は原則として無限集合であるが，単に「集合」といった場合，無限，有限どちらも含むものとする．

離散の無限集合の中で代表的なものとして素数の集合がある．素数を扱う分野は数論 (number theory) と呼ばれるが，通常はそれを離散数学には入れない．その理由は，数論は離散数学よりはるかに古い歴史のある学問であり，すでに一つの分野として確立されているからである[1]．本節では，数論のうちのごく初歩的な部分を紹介する．

定義 9.1

2 以上の整数で，1 と自分自身以外に約数を持たない数を**素数** **(prime)** という．

次の定理はユークリッドの『原論』に示された，数論の最も基本的な定理である．

定理 9.2

素数は無限個存在する．

証明

素数が有限個しか存在しないと仮定する．その個数を n とする．すべての素数を $p_1, p_2, \ldots, p_n$ と表す．ここで

$$p = p_1 p_2 \cdots p_n + 1$$

を考えると，p はどの素数で割っても 1 余るので，どの素数も約数に持

[1] 誤解を恐れずに書くならば，離散数学は 20 世紀になって分野として確立された「新参者」であり，それに比べて数論は，幾何学や代数とともに古い歴史のある「格上」の分野といって良い．ガウスの言葉に「数学は科学の女王であり，数論は数学の女王である」というものがある．つまり数論は科学界の女王の中の女王というわけである．

たない．したがって p は素数である．よって新たな素数が存在したことになり，矛盾．■

定義 9.3

整数の対が 1 以外に共通の約数を持たないとき，それらは**互いに素** **(relatively prime)** であるという．

例題 9.1

任意の正整数 $n \in \mathbb{Z}^+$ に対し，n と互いに素な整数は無限個存在する．

解答

n の素因数[2] を $p_1, \ldots, p_k$ とする．$p_1, \ldots, p_k$ 以外の素数は n と互いに素である．定理 9.2 より，素数は無限個存在するので，それより k 個除外してもやはり無限個存在する．

9.1.2 エラトステネスの篩

与えられた任意の整数が素数であることを確かめるには，それより小さい 2 以上のどの整数[3] でも割り切れないことを確かめればよい．それを複数の整数に対してまとめて行うことで，（与えられた数以下の）整数をすべて列挙する手法は**エラトステネスの篩**（ふるい） **(Sieve of Eratosthenes)** として知られている．

その手法はとても単純である．例えば 100 以下のすべての素数を列挙する場合を考える．まず 2 から 100 までの整数を表に書き出す．表中の最小の数は 2 であり，これは素数であるので丸を付けておき，そのうえで 2 以外の 2 の倍数（つまり偶数）を表からすべて削除する（図 9.1）．そこで表に残っている数のうちで最も小さい数である 3 は素数であることがわかるので，やはり丸を付けておき，3 の倍数を表からすべて削除する（図 9.2）．さらに表に残っている最小の数は 5 なので，これは素数であり，丸を付けておき，そのうえで，5 の倍数をすべて表中から削除する（図 9.3）．さらに表に残っている最小の数は 7 なので，これは素数であり，丸を付けておき，そのうえで，7 の倍数をすべて表中から削除する（図 9.4）．ここで $10 = \sqrt{100}$ 以下の数字では，素数（丸のついている数）以外はすべて削除されているので，ここで

[2] n の約数のうち素数であるもののこと．
[3] 確かめたい整数を n とすると，$\sqrt{n}$ 以下の整数で良い．

	2	3	4	5	6	7	8	9	10
11	12	13	14	15	16	17	18	19	20
21	22	23	24	25	26	27	28	29	30
31	32	33	34	35	36	37	38	39	40
41	42	43	44	45	46	47	48	49	50
51	52	53	54	55	56	57	58	59	60
61	62	63	64	65	66	67	68	69	70
71	72	73	74	75	76	77	78	79	80
81	82	83	84	85	86	87	88	89	90
91	92	93	94	95	96	97	98	99	100

図 9.1　素数 2 の倍数を，2 のみ残して後はすべて削除する

	2	3	4	5	6	7	8	9	10
11	12	13	14	15	16	17	18	19	20
21	22	23	24	25	26	27	28	29	30
31	32	33	34	35	36	37	38	39	40
41	42	43	44	45	46	47	48	49	50
51	52	53	54	55	56	57	58	59	60
61	62	63	64	65	66	67	68	69	70
71	72	73	74	75	76	77	78	79	80
81	82	83	84	85	86	87	88	89	90
91	92	93	94	95	96	97	98	99	100

図 9.2　素数 3 の倍数を，3 のみ残して後はすべて削除する

	2	3	4	5	6	7	8	9	10
11	12	13	14	15	16	17	18	19	20
21	22	23	24	25	26	27	28	29	30
31	32	33	34	35	36	37	38	39	40
41	42	43	44	45	46	47	48	49	50
51	52	53	54	55	56	57	58	59	60
61	62	63	64	65	66	67	68	69	70
71	72	73	74	75	76	77	78	79	80
81	82	83	84	85	86	87	88	89	90
91	92	93	94	95	96	97	98	99	100

図 9.3　素数 5 の倍数を，5 のみ残して後はすべて削除する

操作は終了で，それまでに素数と判断した（丸の付けてある）数と表に残っている数はすべて素数であることがわかる．

なお，$10=\sqrt{100}$ で止めている理由は，素数でない n 以下の数字は，必

	2	3	4	5	6	7	8	9	10
11	12	13	14	15	16	17	18	19	20
21	22	23	24	25	26	27	28	29	30
31	32	33	34	35	36	37	38	39	40
41	42	43	44	45	46	47	48	49	50
51	52	53	54	55	56	57	58	59	60
61	62	63	64	65	66	67	68	69	70
71	72	73	74	75	76	77	78	79	80
81	82	83	84	85	86	87	88	89	90
91	92	93	94	95	96	97	98	99	100

図 9.4 素数 7 の倍数を，7 のみ残して後はすべて削除する

ず $\sqrt{n}$ 以下の素因数を持つからである．

この結果，100 以下の素数は 2, 3, 5, 7, 11, 13, 17, 19, 23, 29, 31, 37, 41, 43, 47, 53, 59, 61, 67, 71, 73, 79, 83, 89, 97 の計 25 個であることがわかる．

9.2 集合の濃度

有限集合 A の要素数を $|A|$ と表現したが，無限集合の場合，要素数という概念はどうなるだろうか．単純に有限集合の概念をそのまま適用すると，要素数は ∞ となる．しかし無限集合にもいろいろあり，例えば正の偶数の集合 $\mathbb{E}^+$，正整数の集合 $\mathbb{Z}^+$，非負整数の集合 $\mathbb{Z}_0^+$，整数の集合 $\mathbb{Z}$，有理数の集合 $\mathbb{Q}$，実数の集合 $\mathbb{R}$，複素数の集合 $\mathbb{C}$ などを考えると，それらの間には以下の包含関係がある．

$$\mathbb{E}^+ \subset \mathbb{Z}^+ \subset \mathbb{Z}_0^+ \subset \mathbb{Z} \subset \mathbb{Q} \subset \mathbb{R} \subset \mathbb{C} \tag{9.1}$$

そしてこれらの「要素数」には大幅な違いがあると思える．それらをすべて同じ ∞ で表現するのでは不十分ではないかという素朴な疑問が浮かぶ (図 9.5)．

そもそも集合の要素数とはどういうものであろうか？ 6.3 節において集合の対等性を定義した．集合 A から集合 B への全単射が存在するとき，A と B は対等であるといい，それを

$$A \sim B$$

と表現する．さらに例題 6.6 において，空でない有限集合 A の要素数が n であるとき，$A \sim \{1, \ldots, n\}$ であることを述べた．このことから，われわれは

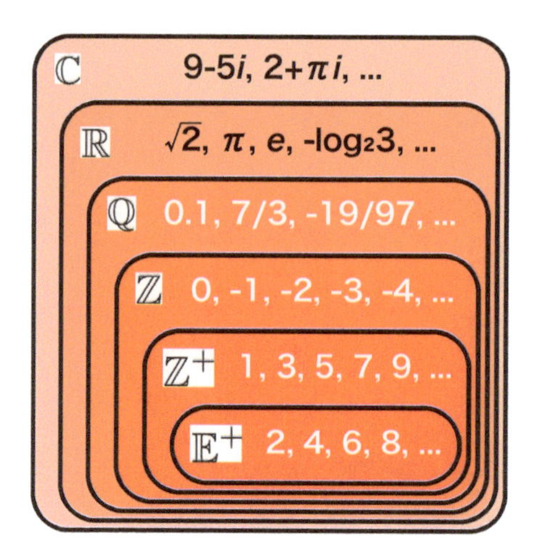

図 9.5　全部大きさは ∞ で同じ？

集合の「要素数」という場合に，次のような前提を用いていると考えられる．

前提　二つの有限集合 A と B は，その要素間に全単射が存在するときに「大きさが等しい」という．

この考え方を無限集合にも適用したのが近代数学に多大な影響を与えたドイツの大数学者カントール (Georg Cantor, 1845–1918) である．彼は無限集合間でも全単射が存在する対と存在しない対があることを発見した．このときに「要素数」というと ∞ になってしまうので，要素数を拡張した概念として**濃度**[4] **(cardinality)** を導入した．そして次のように定めた (図 9.6)．

定義 9.4

集合 A の濃度を $|A|$ で表現する．有限集合の濃度はその要素数に等しいものとする．無限集合の場合，二つの無限集合 A と B において，A から B への単射が存在するとき，$|A| \leq |B|$ とする．さらに A から B への全単射が存在するときに $|A| = |B|$ とする．

[4] 基数とも訳す．

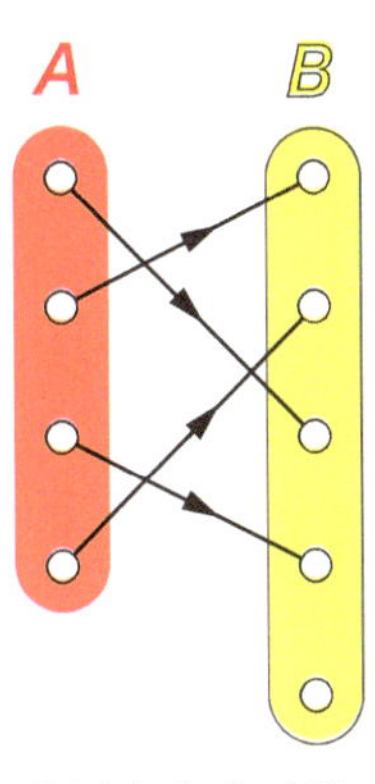

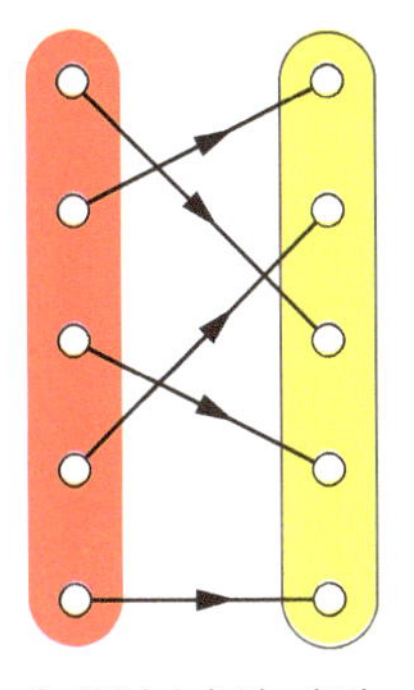

図 9.6　濃度の定義

9.3 可算濃度

9.3.1 $\mathbb{E}^+$ と $\mathbb{Z}^+$ と $\mathbb{Z}_0^+$ と $\mathbb{Z}$ の濃度

では具体的に 9.2 節で述べた $\mathbb{E}^+$, $\mathbb{Z}^+$, $\mathbb{Z}_0^+$, $\mathbb{Z}$, $\mathbb{Q}$, $\mathbb{R}$ らの間に全単射が存在するかどうか見てみよう.

例題 9.2

正の偶数の集合 $\mathbb{E}^+ = \{2, 4, 6, \ldots\}$ と正整数の集合 $\mathbb{Z}^+ = \{1, 2, 3, \ldots\}$ の要素間に全単射 $f_{9.2} : \mathbb{E}^+ \to \mathbb{Z}^+$ が存在する.

解答

$f_{9.2}(i) = i/2$ とすれば良い（図 9.7）.

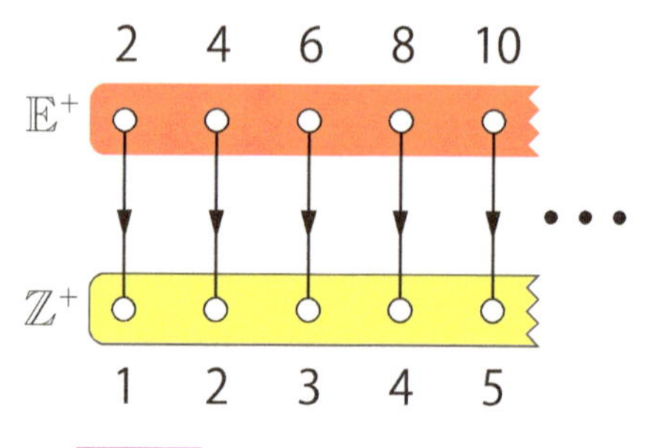

図 9.7 $\mathbb{E}^+$ から $\mathbb{Z}^+$ への全単射

例題 9.3

正整数の集合 $\mathbb{Z}^+$ と非負整数の集合 $\mathbb{Z}_0^+ = \{0, 1, 2, \ldots\}$ の要素間に全単射 $f_{9.3} : \mathbb{Z}^+ \to \mathbb{Z}_0^+$ が存在する.

解答

$f_{9.3}(i) = i - 1$ とすれば良い（図 9.8）.

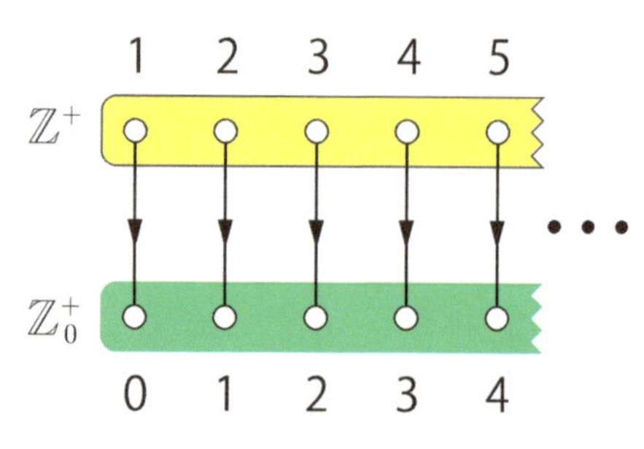

図 9.8 $\mathbb{Z}^+$ から $\mathbb{Z}_0^+$ への全単射

例題 9.4

非負整数の集合 $\mathbb{Z}_0^+$ と整数の集合 $\mathbb{Z} = \{\ldots, -2, -1, 0, 1, 2, \ldots\}$ の要素間に全単射 $f_{9.4} : \mathbb{Z}_0^+ \to \mathbb{Z}$ が存在する.

解答

$$f_{9.4}(i) = \begin{cases} \frac{i+1}{2} & (i\text{ が奇数のとき}) \\ -\frac{i}{2} & (i\text{ が偶数のとき}) \end{cases} \tag{9.2}$$

とすれば良い（図 9.9）.

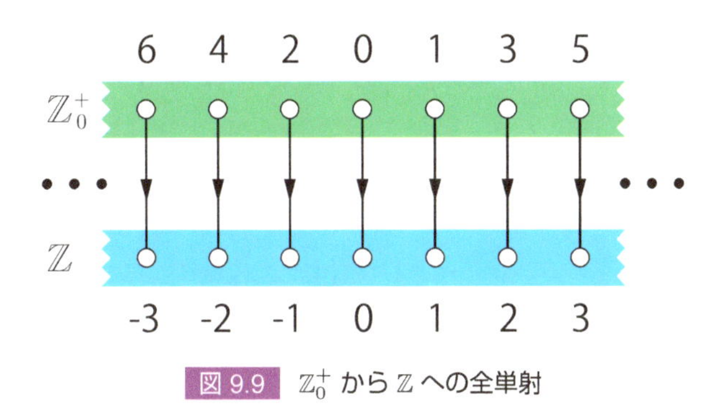

図 9.9 $\mathbb{Z}_0^+$ から $\mathbb{Z}$ への全単射

9.3.2 有理数集合 $\mathbb{Q}$ の濃度

ここまでは濃度が等しいことを容易に示すことができたが，次の有理数の集合 $\mathbb{Q}$ は「要素数」の次元が違うように思える（図 9.10）．なぜならば，例えば 0 と 1 の間にも 1/2, 1/3, 2/3, 1/4, 3/4, 1/5, ..., 1/6, ..., 1/7, ... のように無限に有理数は存在するからである．つまり整数 1 個あたり有理数は無限個存在するのだから，有理数の数は，いうなれば ∞^2 個あるといっても良い．

しかし驚くべきことに，次の定理が示すように，これも整数集合との間に全単射を作ることができるのである．

定理 9.5

整数の集合 $\mathbb{Z}$ と有理数の集合 $\mathbb{Q}$ の要素間に全単射 $f_{9.5} : \mathbb{Z} \to \mathbb{Q}$ が存在する．

証明

まず正整数の集合 $\mathbb{Z}^+$ と正の有理数の集合 $\mathbb{Q}^+$ 間の全単射 $f_{9.5}^+ : \mathbb{Z}^+ \to \mathbb{Q}^+$ を示す．

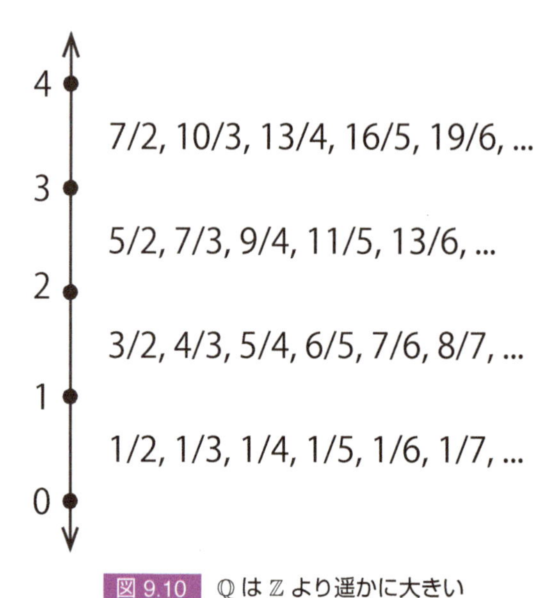

図 9.10 $\mathbb{Q}$ は $\mathbb{Z}$ より遥かに大きい

任意の正有理数 $q \in \mathbb{Q}^+$ は互いに素な正整数の対 $m, n \in \mathbb{Z}^+$ を用いて

$$q = \frac{m}{n} \tag{9.3}$$

と表現できる．ここで，n を固定したときに現れる m の値を昇順に並べて

$$m_{n,1} < m_{n,2} < m_{n,3} < \cdots \tag{9.4}$$

とする．例えば以下のようになる．

$$\begin{aligned}
&m_{1,1} = 1,\ m_{1,2} = 2,\ m_{1,3} = 3,\ m_{1,4} = 4,\ m_{1,5} = 5,\ \ldots \\
&m_{2,1} = 1,\ m_{2,2} = 3,\ m_{2,3} = 5,\ m_{2,4} = 7,\ m_{2,5} = 9,\ \ldots \\
&m_{3,1} = 1,\ m_{3,2} = 2,\ m_{3,3} = 4,\ m_{3,4} = 5,\ m_{3,5} = 7,\ \ldots \\
&m_{4,1} = 1,\ m_{4,2} = 3,\ m_{4,3} = 5,\ m_{4,4} = 7,\ m_{4,5} = 9,\ \ldots \\
&m_{5,1} = 1,\ m_{5,2} = 2,\ m_{5,3} = 3,\ m_{5,4} = 4,\ m_{5,5} = 6,\ \ldots \\
&m_{6,1} = 1,\ m_{6,2} = 5,\ m_{6,3} = 7,\ m_{6,4} = 11,\ m_{6,5} = 13,\ \ldots
\end{aligned}$$

例えば $n = 2$ のとき，$m = 1$ とした場合，1 と 2 は互いに素 [5] なの

[5] 整数の対が 1 以外に共通の約数を持たないとき，それらは互いに素であるという（定義 9.3）．したがって 1 と任意の正整数は互いに素である．

で $m_{2,1} = 1$ である．次に $m = 2$ とした場合，$m = 2$ と $n = 2$ とは互いに素ではないので，$m_{2,2} \neq 2$ である．そして $m = 3$ とした場合，3 と 2 は互いに素なので $m_{2,2} = 3$ である．

なお，任意の $n \in \mathbb{Z}^+$ に対し $m_{n,i}$ は無限に存在する（例題 9.1 参照）．この $m_{n,i}$ を用いて有理数 $m_{n,i}/n$ の形で図 9.11 のように表で表す．すべての正有理数がこの表のどこかに（一度だけ）現れる．

n＼i	1	2	3	4	5	6	7
1	1/1	2/1	3/1	4/1	5/1	6/1	7/1
2	1/2	3/2	5/2	7/2	9/2	11/2	13/2
3	1/3	2/3	4/3	5/3	7/3	8/3	10/3
4	1/4	3/4	5/4	7/4	9/4	11/4	13/4
5	1/5	2/5	3/5	4/5	6/5	7/5	8/5
6	1/6	5/6	7/6	11/6	13/6	17/6	19/6
7	1/7	2/7	3/7	4/7	5/7	6/7	8/7
8	1/8	3/8	5/8	7/8	9/8	11/8	13/8

図 9.11　正有理数 $m_{n,i}/n$ の表

図 9.11 の表のすべてのマスに正整数を対応させれば良い．その方法は図 9.12 の通りである．すなわち，最初のいくつかを記述すると以下のよ

＼							
	1 1/1	2 2/1	4 3/1	7 4/1	11 5/1	16 6/1	22 7/1
	3 1/2	5 3/2	8 5/2	12 7/2	17 9/2	23 11/2	30 13/2
	6 1/3	9 2/3	13 4/3	18 5/3	24 7/3	31 8/3	39 10/3
	10 1/4	14 3/4	19 5/4	25 7/4	32 9/4	40 11/4	49 13/4
	15 1/5	20 2/5	26 3/5	33 4/5	41 6/5	50 7/5	60 8/5
	21 1/6	27 5/6	34 7/6	42 11/6	51 13/6	61 17/6	72 19/6
	28 1/7	35 2/7	42 3/7	52 4/7	62 5/7	73 6/7	85 8/7
	36 1/8	44 3/8	53 5/8	63 7/8	74 9/8	86 11/8	99 13/8

図 9.12　正整数（赤字）の正有理数 $m_{n,i}/n$（黒字）への全単射 $f^+_{9.5}$

うになる.

$$
\begin{aligned}
f^{+}_{9.5}(1) &= m_{1,1}/1 = 1/1 = 1 \\
f^{+}_{9.5}(2) &= m_{1,2}/1 = 2/1 = 2 \\
f^{+}_{9.5}(3) &= m_{2,1}/2 = 1/2 \\
f^{+}_{9.5}(4) &= m_{1,3}/1 = 3/1 = 3 \\
f^{+}_{9.5}(5) &= m_{2,2}/2 = 3/2 \\
f^{+}_{9.5}(6) &= m_{3,1}/3 = 1/3 \\
f^{+}_{9.5}(7) &= m_{1,4}/1 = 4/1 = 4 \\
&\vdots
\end{aligned}
$$

これで正整数の集合 $\mathbb{Z}^+$ から正の有理数の集合 $\mathbb{Q}^+$ への全単射 $f^{+}_{9.5}: \mathbb{Z}^+ \to \mathbb{Q}^+$ が得られた.これを用いて整数の集合 $\mathbb{Z}$ から有理数の集合 $\mathbb{Q}$ への全単射 $f_{9.5}: \mathbb{Z} \to \mathbb{Q}$ を次のように作る.

$$
f_{9.5}(i) = \begin{cases} 0 & (i = 0 \text{ のとき}) \\ f^{+}_{9.5}(i) & (i > 0 \text{ のとき}) \\ -f^{+}_{9.5}(-i) & (i < 0 \text{ のとき}) \end{cases} \tag{9.5}
$$

これは明らかに全単射になっている. ■

定理 9.6

$\mathbb{E}^+$ と $\mathbb{Z}^+$ と $\mathbb{Z}^+_0$ と $\mathbb{Z}$ と $\mathbb{Q}$ の濃度はすべて等しい.

証明

例題 9.2〜9.4 と定理 9.5 より明らか. ■

整数集合の濃度を $\aleph_0$(「アレフヌル」または「アレフゼロ」と読む)と表記する.すなわち次が成り立つ.

$$
|\mathbb{E}^+| = |\mathbb{Z}^+| = |\mathbb{Z}^+_0| = |\mathbb{Z}| = |\mathbb{Q}| = \aleph_0
$$

濃度が $\aleph_0$ である集合のことを**可算無限集合 (countably infinite set)** といい,可算無限集合と有限集合を総称して**可算集合 (countable set)** という.なお,定理 9.6 より

$$\aleph_0 + 1 = 2\aleph_0 = {\aleph_0}^2 = \aleph_0$$

などがいえる（図 9.13）.

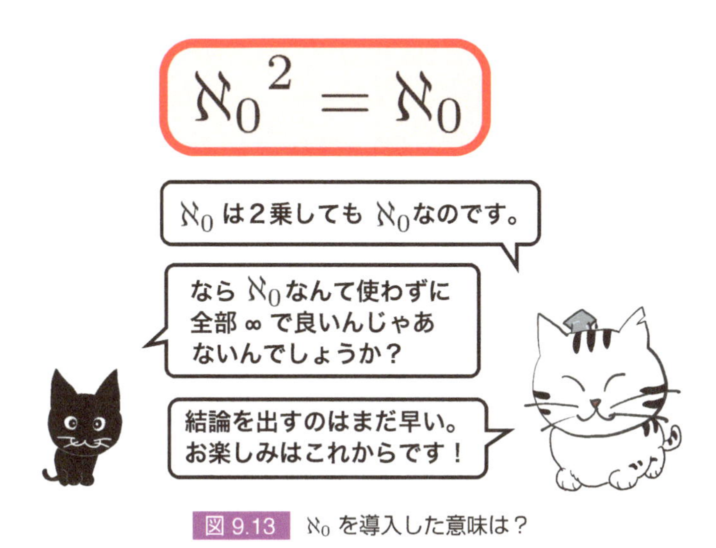

図 9.13　$\aleph_0$ を導入した意味は？

9.4 実数集合 ℝ の濃度と対角線論法

9.4.1 対角線論法

これまでの議論はすべて「濃度が等しい」というものであった．しかし濃度などという用語がわざわざ定義されるということは濃度が異なるものがあるはずだ．実は，実数集合 ℝ がそれである．ℝ は ℚ や ℤ などを含むので，これらから ℝ への単射は自明に存在する[6]．しかし全射は存在しないことがカントールによって証明された（図 9.14）．そのときに用いられた技法が，**不可能性証明の伝家の宝刀といえる「対角線論法 (diagonal argument)」**である（図 9.15）．その証明を以下で説明する．

[6] 恒等写像 $I(x) = x$ を考えれば良い．

実数って有理数とあまり違わない気がしますが。

と思うのがシロートのアカサタナ…

おもろない小ボケは止めてもらえんかな…

だって無理数って、π と e と「ルートなんとか」と「ログなんとか」ぐらいしか思い付きませんよ。

それは人類が未熟だからです。あたかも宇宙の大部分を占めるダークマターが未知であるが如く。

その喩えは分からん…

図 9.14　$\mathbb{R}$ と $\mathbb{Q}$ はあまり違わない？

定理 9.7

正整数の集合 $\mathbb{Z}^+$ から $0 < r \leq 1$ である実数 r の集合

$$\mathbb{R}_{(0,1]} \stackrel{\text{def}}{=} \{r \in \mathbb{R} \mid 0 < r \leq 1\}$$

への全射は存在しない.

いよいよ不可能性証明界の横綱、チャンピオン、ホームラン王、センターポジション、カントールの**対角線論法**です。

簡潔にして強力でカッコ良く、理系ならばこれを知らねば、死ぬとき後悔するレベルのとにかく、もの凄くスゴイ証明です。

なるほど、もの凄くスゴイんですね。

図 9.15　不可能性証明の伝家の宝刀「対角線論法」

証明

全射 $f:\mathbb{Z}^+ \to \mathbb{R}_{(0,1]}$ が存在すると仮定する．任意の実数 $r \in \mathbb{R}_{(0,1]}$ は 3 進数で

$$0.d_1d_2d_3\dots \quad (\text{ただし } d_1, d_2, d_3, \dots \in \{0,1,2\}) \tag{9.6}$$

の形で表現できる．ただし，d_i は 3^{-i} の桁の数字で，かつ無限小数による表記とする．例えば 1 は 0.222... であり，0.12 は 0.11222... と表記する．この表記法を用いると，r が定まると表記は唯一に定まる．この表現法を**無限桁表現法**と呼ぶことにする（なお，この表記法が引っかかる人は図 9.16 見よ）．

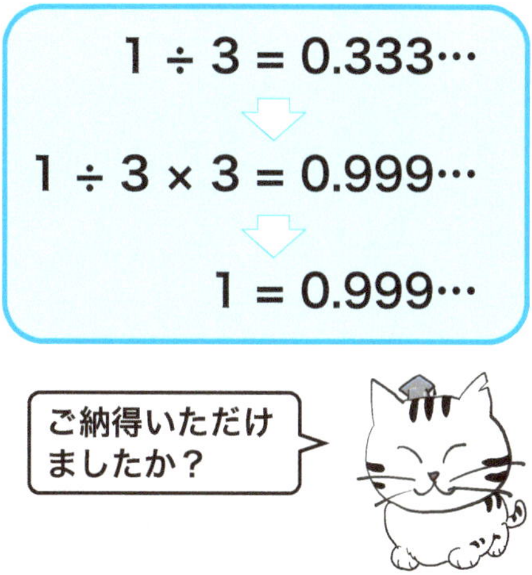

図 9.16　$1 = 0.999\dots$ の証明（ただし 10 進表記）

全射 $f:\mathbb{Z}^+ \to \mathbb{R}_{(0,1]}$ が存在する（と仮定した）ので，任意の $r \in \mathbb{R}_{(0,1]}$ は，ある $i \in \mathbb{Z}^+$ を用いて $r = f(i)$ と表現できる．各実数 $f(i)$ を式 (9.6) の表現を用いて，

$$f(i) = 0.d^f_{i,1}d^f_{i,2}d^f_{i,3}\dots \tag{9.7}$$

と表記することにする．無限桁表現法を用いているので，任意の $f(i) \in \mathbb{R}_{(0,1]}$ について，無限に 0 が連続することはない[7]．

[7] 言い換えると，$(\forall f(i) \in \mathbb{R}_{(0,1]})(\forall n \in \mathbb{Z}^+)(\exists j \geq n)(d^f_{i,j} \neq 0)$

この $d^f_{i,j}$ を用いて $\mathbb{R}_{(0,1]}$ のある要素

$$r_f = 0.\hat{d}^f_1 \hat{d}^f_2 \hat{d}^f_3 \dots \tag{9.8}$$

を次のように与える．

$$\hat{d}^f_i = \begin{cases} 1 & (d^f_{i,i} = 2 \text{ のとき}) \\ 2 & (d^f_{i,i} \neq 2 \text{ のとき}) \end{cases} \tag{9.9}$$

この例を図 9.18 に示す．

このとき，r_f は明らかに $\mathbb{R}_{(0,1]}$ の要素である．さらに，r_f はどの $f(i)$ とも異なっている．なぜならばもし $r_f = f(i)$ ならば

$$(\forall j \in \mathbb{Z}^+)(\hat{d}^f_j = d^f_{i,j}) \tag{9.10}$$

でなければならないが [8]，r_f の定め方（式 (9.9)）より $\hat{d}^f_i \neq d^f_{i,i}$ であるので，式 (9.10) に反するからである．

以上からどの $f(i)$ にも当てはまらない $r_f \in \mathbb{R}_{(0,1]}$ が存在することになり，f が全射であることに矛盾する． ■

図 9.17　考えてみよう

[8] 式 (9.9) より r_f の表現のすべての桁が 0 以外の数値なので，これは無限桁表現法になっている．したがって，その表現法は一通りに定まる．

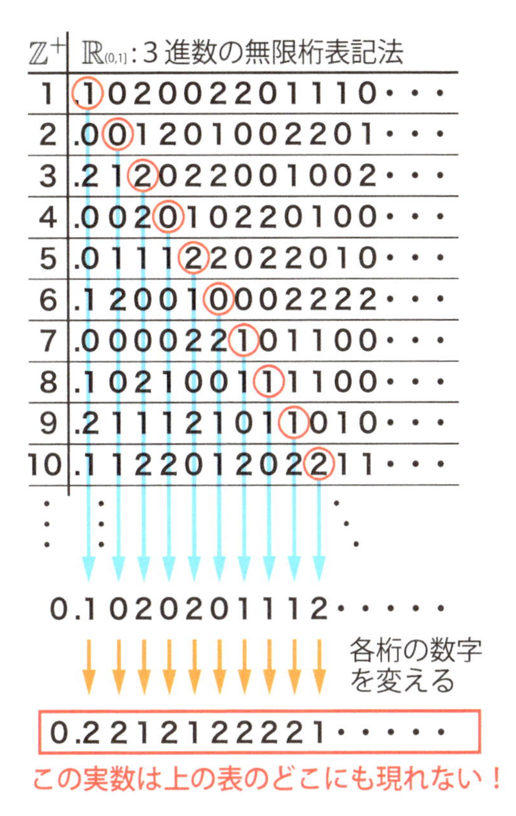

図 9.18 これがカントールの対角線論法だ！

系 9.8

$\mathbb{Z}$ から $\mathbb{R}$ への全射は存在しない．

証明

全射 $f:\mathbb{Z}\to\mathbb{R}$ が存在すると仮定する．そこで写像 $f':\mathbb{Z}\to\mathbb{R}_{(0,1]}$ を次のように与える．

$$f'(i)=\begin{cases} f(i) & (0<f(i)\leq 1 \text{ のとき}) \\ 1 & (\text{それ以外}) \end{cases} \tag{9.11}$$

これは明らかに全射である．さらに例題 9.3 と例題 9.4 で与えた二つの全単射 $f_{9.3}:\mathbb{Z}^+\to\mathbb{Z}_0^+$ と $f_{9.4}:\mathbb{Z}_0^+\to\mathbb{Z}$ とを合成して

$$f' \circ f_{9.4} \circ f_{9.3} : \mathbb{Z}^+ \to \mathbb{R}_{(0,1]} \tag{9.12}$$

とすると，この写像は $\mathbb{Z}^+$ から $\mathbb{R}_{(0,1]}$ への全射となっており，これは定理 9.7 に矛盾する． ■

9.4.2 連続体仮説

系 9.8 より $|\mathbb{R}| \neq \aleph_0$ であることになる．$\mathbb{Z} \subseteq \mathbb{R}$ であるので濃度の定義より $|\mathbb{Z}| \leq |\mathbb{R}|$ となるので，$\aleph_0 = |\mathbb{Z}| < |\mathbb{R}|$ を得る．$|\mathbb{R}|$ を**連続体濃度 (cardinality of the continuum)** といい，$2^{\aleph_0}$ で表す．

$\mathbb{Z}$ の部分集合全体の集合 $2^{\mathbb{Z}}$ の濃度は $\mathbb{R}$ の濃度と等しいことがわかっている．すなわち

$$\left|2^{\mathbb{Z}}\right| = 2^{\aleph_0}$$

である．

系 9.8 より $\aleph_0 \neq 2^{\aleph_0}$ であり，$\mathbb{Z} \subset \mathbb{R}$ より $\aleph_0 \leq 2^{\aleph_0}$ は明らかなので $\aleph_0 < 2^{\aleph_0}$ を得るが，ここで「$\aleph_0$ と $2^{\aleph_0}$ の間の濃度の集合が存在するのだろうか？」という疑問が生じる．これを解決しようとする試みはなかなか成功しなかったので，とりあえずカントールは次の仮説を提唱した（図 9.19）．

仮説 9.9 （連続体仮説 (Continuum Hypothesis, CH)）

$\aleph_0$ より大きく $2^{\aleph_0}$ より小さい濃度を持つ集合は存在しない．

図 9.19 連続体仮説

この仮説が正しいか否かを証明することは，1900 年にヒルベルトによって提示された 23 の問題の第一番目に挙げられた重要な未解決問題であった．そしてそれから半世紀以上経過し，次の驚くべき結果によって解決した．

定 理 9.10（ゲーデル 1940, コーエン 1963）

連続体仮説はそれを仮定しても，逆にその否定を仮定しても，いずれの場合にも矛盾は生じない[9]．

すなわち，現在使用されている公理系（**ZFC 公理系**[10]）においては，連続体仮説を仮定しても否定しても良い．連続体仮説の下では $2^{\aleph_0}$ は $\aleph_0$ の一つ上の濃度ということになるので $2^{\aleph_0}$ は $\aleph_1$ とも表す．

9.5 複素数の濃度

9.5.1 複素数の濃度と実数の濃度の関係

本節では，さらに広い無限集合として複素数の集合 $\mathbb{C}$ を考えよう．結論を先に述べれば，これの濃度は実数集合の濃度と等しい．すなわち，次の定理が成り立つ．

定 理 9.11

次の式が成り立つ．

$$|\mathbb{C}| = |\mathbb{R}| \tag{9.13}$$

i を虚数単位とすると各複素数は実数の対 (a, b), $a, b \in \mathbb{R}$ を用いて $a + bi$ と表せる．すなわち，一つの複素数は実数の対と全単射を持つ．よって

$$|\mathbb{C}| = |\mathbb{R} \times \mathbb{R}| \tag{9.14}$$

[9] 前半の肯定の無矛盾性がゲーデルによって，後半の否定の無矛盾性がコーエンによって証明された．

[10] Z と F はそれぞれ Zermelo（エルンスト・ツェルメロ）と Fraenkel（アドルフ・フレンケル）の頭文字で C は選択公理 (Axiom of Choice) を意味する．ZF 公理系に選択公理を加えたものが ZFC 公理系である．この公理系についてここでは説明は省くが，選択公理は連続体仮説と独立であることがわかっている．詳細は文献 [1, 5, 6] などを参照．

が得られる．したがって実数集合 $\mathbb{R}$ と実数の対の集合 $\mathbb{R}\times\mathbb{R}$ が全単射を持てば，$\mathbb{R}$ と $\mathbb{C}$ は濃度が等しいことになる．

これと似たようなことを整数集合と有理数集合の全単射を作るときに行なっている（定理 9.5）．だから実数についても同じ技法が使えるかというと，そうではない．定理 9.5 の証明を見返してみると，有理数を整数の対と対応させ，それを表に書き表したうえで，端から順番に番号付けしていった．しかしこの方法は，**「端から順番に番号付け」という時点で，可算集合であることを前提としている**．系 9.8 で示したように実数集合は可算集合ではないので，この技法は適用できない．よって異なる方法を用いる必要がある．その説明に入る前に単射と全単射の間に成り立つ重要な関係を見ておこう．

9.5.2 カントール-ベルンシュタインの定理

定義 9.4 において「A から B への単射が存在するとき $|A|\leq|B|$」「A から B への全単射が存在するとき $|A|=|B|$」と定義を与えたが，ここで使用されている不等号 $\leq$ が整数や実数間に成り立つ通常の不等号と同じ性質を満たすか否かは単純にはいえない．つまり，**集合の濃度間の関係を示す不等号 $\leq$ が全順序になっているか否か**が問題である．それを確かめるのに必要な次の（一見自明に見える）定理を紹介しておく（図 9.20）．

定理 9.12（カントール-ベルンシュタイン (Bernstein) の定理）

二つの集合 A と B に対し，A から B への単射 $f:A\to B$ と B から A への単射 $g:B\to A$ が存在するならば，全単射 $h:A\to B$ が存在する．

定理 9.12 は有限集合ならばほぼ自明である．なぜならば単射 $f:A\to B$ が存在するならば明らかに $|A|\leq|B|$ であり，単射 $g:B\to A$ が存在するならば同様に $|A|\geq|B|$ であるので，上の二つの式から $|A|=|B|$ を得る．$|A|=|B|$ ならば全単射 $f:A\to B$ が存在するのは自明である [11]．

ならばまったく同じ証明が無限集合にも適用できるのではないかと考えるのは早計である．それに関して以下で述べるが，そこはやや高度になるので，大学生と，数学好きな人を除いて 9.5.3 節まで読み飛ばして良い．

無限集合の場合でも，上記の議論の「単射 $f:A\to B$ が存在するならば $|A|\leq|B|$ であり，単射 $g:B\to A$ が存在するならば $|A|\geq|B|$ である．」のところまでは正しい．しかしここから「$|A|=|B|$ が得られる」とは単純

[11] ここを証明しないと気が済まないという人は，例題 6.6 と同様に帰納法を使えば良い．

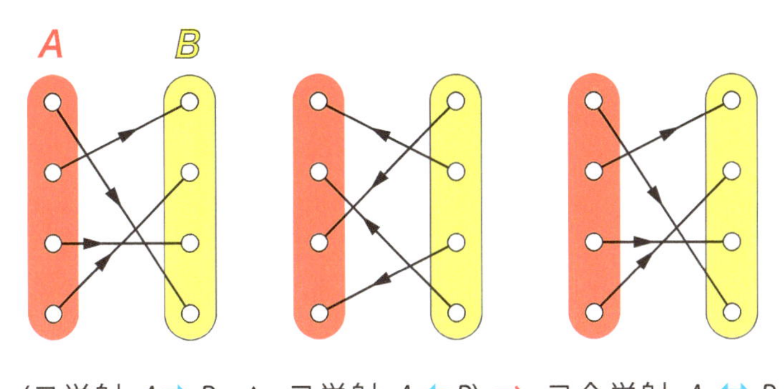

(∃単射 A ➡ B ∧ ∃単射 A ⬅ B) ⇒ ∃全単射 A ⬌ B

単射 $A \to B$ と単射 $B \to A$ が存在すれば全単射 $A \to B$ が存在する。

当たり前だと思いますが…

有限集合なら当たり前です。しかし無限集合で、このことを証明できますか？

図 9.20 カントール-ベルンシュタインの定理

にはいえない．有限集合の場合は，要素数は整数であるので $|A| \leq |B|$ と $|A| \geq |B|$ から $|A| = |B|$ は得られる．しかし無限集合の濃度の場合，「単射が存在すれば $|A| \leq |B|$ と書く」と定義した**この不等号 $\leq$ が通常の不等号と同じような法則を満たすという保証はない**．もう少し詳しく説明すると，「$|A| \leq |B|$ かつ $|A| \geq |B|$ ならば $|A| = |B|$」というのは反対称律（5.1 節参照）であるが，この $\leq$ が反対称律を満たす保証がないのである．なお有限集合の場合，濃度は要素数であり整数値になるので，そこで使用する $\leq$ は全順序となり，当然反対称律は成り立つ．

無限集合に対しても「全単射が存在する場合に $|A| = |B|$ である」という定義と整合するためには $\leq$ が反対称律を満たす必要があり，それを保証するためには定理 9.12 が必要なのである．だから図 9.6 で，ネコ教授がさらっといっていることは実は簡単な話ではないのである．

定理 9.12 の証明

A の部分集合 $C_0, C_1, \ldots$ と B の部分集合 $D_0, D_1, \ldots$ を以下のように定める.

$$
\begin{aligned}
C_0 &= A - g(B) \\
D_i &= f(C_i),\ i = 0, 1, \ldots \\
C_i &= g(D_{i-1}),\ i = 1, 2, \ldots
\end{aligned}
$$

さらに

$$C = \bigcup_{i=0}^{\infty} C_i,\quad D = \bigcup_{i=0}^{\infty} D_i$$

とする. $h : A \to B$ を次のように定める.

$$h(x) = \begin{cases} f(x) & (x \in C \text{ のとき}) \\ g^{-1}(x) & (x \notin C \text{ のとき}) \end{cases} \tag{9.15}$$

なお, $A - C \subseteq A - C_0 = g(B)$ より $x \notin C$ に対して $g^{-1}(x)$ は定まる ($g : B \to A$ が単射であることに注意). この h が全単射であることを以下で示す.

まず全射でないと仮定する. すなわち $\exists y \in B, \forall x \in A, h(x) \neq y$ である. D の定義より $y \notin D$ である (なぜならば, $y \in D_i$ とすると $\exists x \in C_i, h(x) = f(x) = y$ となる). よって $g(y) \notin C$ であるので, $h(g(y)) = g^{-1}(g(y)) = y$ となり, 矛盾. よって h は全射である.

次に単射でないと仮定する. すなわち $\exists x, x' \in A,\ x \neq x',\ h(x) = h(x')$ である. x と x' について (i) $x, x' \in C$, (ii) $x, x' \notin C$, (iii) $x \in C$, $x' \notin C$ の 3 通りが考えられる.

- まず (i) $x, x' \in C$ の場合を考える. このとき, $f(x) = h(x) = h(x') = f(x')$ となり, f が単射であることに反する.
- 次に (ii) $x, x' \notin C$ の場合を考える. この場合は $g^{-1}(x) = h(x) = h(x') = g^{-1}(x')$ であることになり, $g(h(x))$ の像が x と x' の二つあることになるが, これは g が写像であることに反する.
- 最後に (iii) $x \in C$, $x' \notin C$ の場合を考える. しかし $x \in C$ より $h(x) \in D$ であり, $x' \notin C$ より $h(x') \notin D$ であるので, $h(x) = h(x')$ に反する.

以上から h は単射でもある. ■

定理 9.12 の全単射の構成法を具体例で見てみよう．

例題 9.5

$A = B = \mathbb{Z}^+$ に対し，$f : A \to B$ と $g : B \to A$ を $f(i) = 2i$ $(i \in A)$，$g(j) = 2j$ $(j \in B)$ とするとき，定理 9.12 の作成法に従って全単射 $h : A \to B$ を作れ．

注意 9.1

この例では $A = B$ であるので，恒等写像を用いれば自明に全単射が得られる．しかし，ここで問うているのは，「定理 9.12 の作成法」で作ることであって，全単射ならばなんでも良いというわけではない．

例題 9.5 の解答

まず A, B, f, g の関係を図 9.21 に示す．

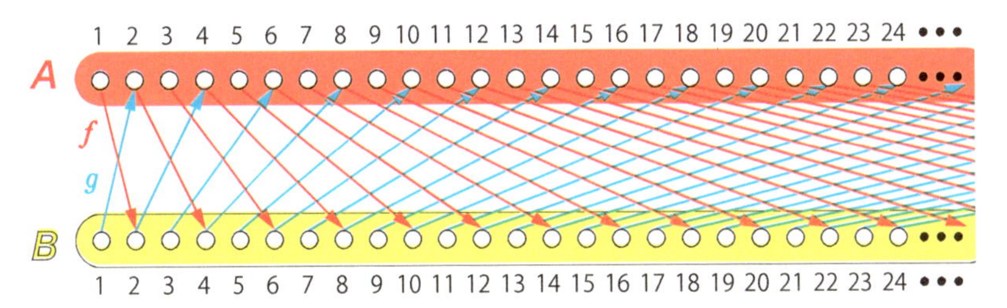

図 9.21　例題 9.5 の A, B, f, g の関係

$$
\begin{aligned}
C_0 &= A - g(B) = A - \{2, 4, 6, 8, \ldots\} = \{1, 3, 5, 7, \ldots\} \\
D_0 &= f(C_0) = \{2, 6, 10, 14, \ldots\} \\
C_1 &= g(D_0) = \{4, 12, 20, 28, \ldots\} \\
D_1 &= f(C_1) = \{8, 24, 40, 56, \ldots\} \\
C_2 &= g(D_1) = \{16, 48, 80, 112, \ldots\} \\
&\vdots
\end{aligned}
$$

すなわち，以下のようになる．

$$C_i = \{2^{2i}(2k-1) \mid k = 1,2,3,\ldots\} \quad (i = 0,1,2,\ldots)$$
$$D_i = \{2^{2i+1}(2k-1) \mid k = 1,2,3,\ldots\} \quad (i = 0,1,2,\ldots)$$

したがって，次の通りである．

$$\begin{aligned} C &= \{2^{2i}(2k-1) \mid k = 1,2,3,\ldots,\ i = 0,1,2,\ldots\} \\ &= \{1,3,4,5,7,9,11,12,13,15,16,17,19,20,21,23,\ldots\} \end{aligned}$$

これらを図示したものが図 9.22 である．ここで C_0, C_1, C_2, D_0, D_1 に属する数は，各々その右に並んでいるチェックがある数字であり，C に含まれる要素は赤い角丸四角で囲んである数字である．

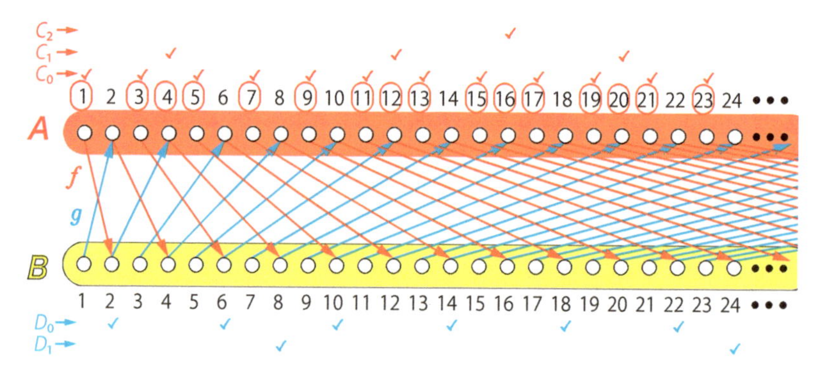

図 9.22　例題 9.5 の A, B, f, g の関係

この結果，写像 h は次の式のようになる．

$$h(i) = \begin{cases} 2i & (x \in C\ のとき) \\ \frac{i}{2} & (x \notin C\ のとき) \end{cases}$$

これを図で表したものが図 9.23 である．この図の実線矢印が $h(i)$ を表している．そのうちの赤線が f に基づくもので，青線が g^{-1} に基づくものである．A の各要素から 1 本ずつ矢印が出，B の各要素に 1 本ずつ矢印が入っている（すなわち，全単射になっている）ことがわかる．

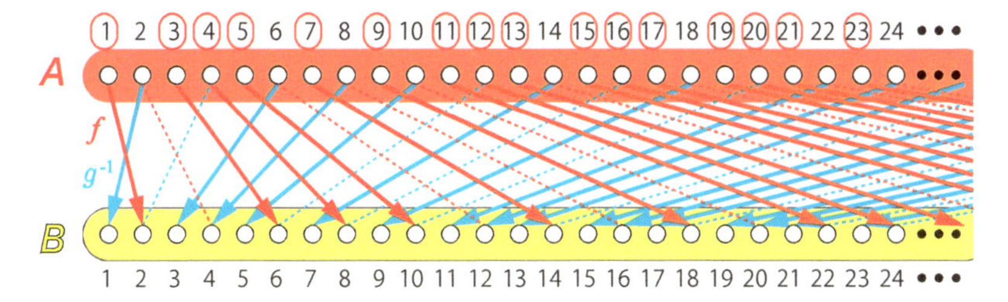

図 9.23　$h: A \to B$ ：実線矢印．赤が f に基づくもので青が g^{-1} に基づくもの

9.5.3 定理 9.11 ： $|\mathbb{C}| = |\mathbb{R}|$ の証明

前述のように，$\mathbb{R}$ から $\mathbb{R} \times \mathbb{R}$ への全単射の存在を示すことができれば，$|\mathbb{C}| = |\mathbb{R}|$ は証明できる．そこでまず，いきなり全単射を示すのではなく，$\mathbb{R} \times \mathbb{R}$ から $\mathbb{R}$ への単射の存在を示す．

補題 9.13

単射 $f_{9.13} : \mathbb{R} \times \mathbb{R} \to \mathbb{R}$ が存在する．

証明

任意の $r \in \mathbb{R}$ は 2 進法を用いて次の形で記述する．

$$r = \ldots d_2 d_1 d_0 . d_{-1} d_{-2} d_{-3} \ldots \tag{9.16}$$

ただし $\ldots, d_2, d_1, d_0, d_{-1}, d_{-2}, d_{-3} \ldots \in \{0, 1\}$ であり，d_i は 2^i の桁の数を表現している．また，定理 9.7 の証明のときと同様，無限桁表現法を用いて表記を一通りに限定する（この場合は 2 進数なので例えば 0.1 は $0.0111\cdots$ と表現される）．

この表現法を用いると，任意の $(r', r'') \in \mathbb{R} \times \mathbb{R}$ は以下のように表現される．

$$r' = \ldots d'_2 d'_1 d'_0 . d'_{-1} d'_{-2} d'_{-3} \ldots \tag{9.17}$$

$$r'' = \ldots d''_2 d''_1 d''_0 . d''_{-1} d''_{-2} d''_{-3} \ldots \tag{9.18}$$

この (r', r'') に次の実数 r を対応させる．

$$r = \dots d'_2 d''_2 d'_1 d''_1 d'_0 d''_0 . d'_{-1} d''_{-1} d'_{-2} d''_{-2} d'_{-3} d''_{-3} \dots \tag{9.19}$$

r' と r'' がともに無限桁表現法を用いているので，r も無限桁表現法になり，これは単射である． ■

注意 9.2

補題 9.13 の写像は単射ではあるが全単射ではない．なぜならば，ある桁以下は交互の桁に 0 が来るような実数，例えば

$$r_0 = 0.11101010\dots$$

のような数は，それに対応するはずの (r', r'') は

$$r' = 0.1111\dots, \quad r'' = 0.1000\dots$$

となり，r'' のほうが無限桁表現法ではない．この r'' を無限桁表現法を使って表すと

$$r'' = 0.0111\dots$$

となるので，それに対応する $r \in \mathbb{R}$ は

$$r = 0.10111\dots$$

であり，$r_0 = 0.11101010\dots$ とは異なる数に写像されている．つまり，この r_0 に写像される $\mathbb{R} \times \mathbb{R}$ の要素は存在しない．

なお，もし無限桁表現法でないほうの表記法を用いたとしても今度は $r' = 0.1111\dots$ がその表記法に合わせると $r' = 1$ になるので，やはりそれに対応する $r \in \mathbb{R}$ は

$$r = 1.1$$

となり，r_0 とは異なる数に写像され，やはり全射にはならない（図 9.24）．

図 9.24　補題 9.13 の写像は単射だが全単射ではない

補 題 9.14

単射 $f_{9.14} : \mathbb{R} \to \mathbb{R} \times \mathbb{R}$ が存在する.

証 明

$f_{9.14}(r) = (r, 0)$ とすれば単射である. ■

この二つの補題を用いることで，定理 9.11 が証明できる.

定理 9.11 の証明

補題 9.13 と 9.14 より，$\mathbb{R}$ と $\mathbb{R} \times \mathbb{R}$ の間には両方向に単射が存在する．よって定理 9.12 より全単射 $f_{9.11} : \mathbb{R} \to \mathbb{R} \times \mathbb{R}$ が存在するので，$|\mathbb{R}| = |\mathbb{R} \times \mathbb{R}|$ を得る．$|\mathbb{C}| = |\mathbb{R} \times \mathbb{R}|$ は明らかである. ■

おわりに

これで講義は終わりです。どうでしたか？
コピペが目に余りますね。
いや、そういうことでなくて…
いろいろ勉強になりました。
「やり遂げた〜」って感じです。
しかし安心するのはまだ早い。
第二、第三のネコ教授が
いつか現れるであろう…
いえ、現れませんって。
我々の戦いはこれからだ！
最後だと思ってボケまくるな
このおっさん。

練習問題 2.1（37 ページ）

$$
\begin{aligned}
&|A_1 \cup A_2 \cup A_3 \cup A_4| \\
=& |(A_1 \cup A_2) \cup A_3 \cup A_4| \\
=& |A_1 \cup A_2| + |A_3| + |A_4| \\
&-|(A_1 \cup A_2) \cap A_3| - |(A_1 \cup A_2) \cap A_4| - |A_3 \cap A_4| \\
&+|(A_1 \cup A_2) \cap A_3 \cap A_4| \qquad (\because \text{命題 } 2.6)
\end{aligned} \tag{A.1}
$$

ここで

$$
\begin{aligned}
|A_1 \cup A_2| &= |A_1| + |A_2| - |A_1 \cap A_2| \qquad (\because \text{命題 } 2.5\ (5)) \\
|(A_1 \cup A_2) \cap A_3| &= |(A_1 \cap A_3) \cup (A_2 \cap A_3)| \qquad (\because \text{式 } (2.18)) \\
&= |A_1 \cap A_3| + |A_2 \cap A_3| - |(A_1 \cap A_3) \cap (A_2 \cap A_3)| \\
&\quad (\because \text{命題 } 2.5\ (5)) \\
&= |A_1 \cap A_3| + |A_2 \cap A_3| - |A_1 \cap A_2 \cap A_3|
\end{aligned}
$$

同様に

$$
\begin{aligned}
|(A_1 \cup A_2) \cap A_4| &= |A_1 \cap A_4| + |A_2 \cap A_4| - |A_1 \cap A_2 \cap A_4| \\
|(A_1 \cup A_2) \cap A_3 \cap A_4| &= |A_1 \cap A_3 \cap A_4| + |A_2 \cap A_3 \cap A_4| - |A_1 \cap A_2 \cap A_3 \cap A_4|
\end{aligned}
$$

となるので，これらを式 (A.1) に代入して整理することで解を得る．

練習問題 3.1（43 ページ）

α	β	$\alpha \leftrightarrow \beta$	$\alpha \to \beta$	$\beta \to \alpha$	$(\alpha \to \beta) \land (\beta \to \alpha)$	$\neg\alpha$	$\neg\beta$	$\neg\beta \to \neg\alpha$
0	0	1	1	1	1	1	1	1
0	1	0	1	0	0	1	0	1
1	0	0	0	1	0	0	1	0
1	1	1	1	1	1	0	0	1

練習問題 3.2（45 ページ）　省略

練習問題 3.3 (50 ページ)

(1) $(\forall x)(E(x) \vee O(x))$

(2) $(\forall x)(P(x) \to N(x))$

(3) $(\exists x)(E(x) \wedge P(x))$

(4) $\neg(\forall x)(P(x) \to O(x))$

練習問題 3.4 (51 ページ)

(1) $(\forall x, y)(\exists z)P(x, y, z)$

(2) $(\forall x, y)(\exists z)P(x, z, y)$

(3) $(\exists x)(\forall y)P(y, x, y)$

(4) $(\forall x)P(x, 0, x)$

練習問題 4.1 (62 ページ)

$f : A \to B$, $g : B \to C$ とする．f が単射でないと仮定する．すなわち，

$$(\exists x, y \in A)((x \neq y) \wedge (f(x) = f(y)))$$

とする．すると

$$g \circ f(x) = g(f(x)) = g(f(y)) = g \circ f(y)$$

となり，「$x \neq y$ かつ $g \circ f(x) = g \circ f(y)$」である x, y が存在することになり，$g \circ f$ が単射であることに反する．よって f は単射である．

練習問題 4.2 (62 ページ)

例えば $f : A \to B$, $g : B \to C$ とし，$A = \{a\}$, $B = \{b, b'\}$, $C = \{c\}$ とする．そして $f(a) = b$, $g(b) = g(b') = c$ であるとすると，$g \circ f : A \to C$ は $g \circ f(a) = c$ のみであり，これは単射である．しかし $g : B \to C$ は $g(b) = g(b') = c$ であるので単射ではない．

練習問題 4.3 (62 ページ)

$f : A \to B$, $g : B \to C$ とする． g が単射でないと仮定する． すなわち

$$(\exists y_1, y_2 \in B)(\exists z \in C)((y_1 \neq y_2) \wedge (g(y_1) = g(y_2) = z))$$

であるとする． f が全射なので

$$y_1 = f(x_1),\ y_2 = f(x_2)$$

となる $x_1, x_2 \in A$ が存在する． $y_1 \neq y_2$ より，$x_1 \neq x_2$ である． すると

$$g \circ f(x_1) = g(f(x_1)) = g(y_1) = z$$

$$g \circ f(x_2) = g(f(x_2)) = g(y_2) = z$$

となり，$x_1 \neq x_2$ に対し

$$g \circ f(x_1) = g \circ f(x_2)$$

となり，$g \circ f$ が単射であることに反する．

練習問題 4.4（62 ページ）

$f : A \to B$，$g : B \to C$ とする．$\forall z \in C$ に対し，g が全射であることから

$$(\exists y \in B)(z = g(y))$$

さらに f が全射であることから

$$(\exists x \in A)(y = f(x))$$

したがって

$$z = g(y) = g(f(x)) = g \circ f(x)$$

となり，$z = g \circ f(x)$ となる $x \in A$ が存在する．よって $g \circ f$ は全射である．

練習問題 4.5（62 ページ）

$f : A \to B$，$g : B \to C$ とする．$g \circ f$ が全射であるので，$\forall z \in C$ に対し，$z = g \circ f(x)$ となる $x \in A$ が存在する．$y = f(x)$ とおくと，

$$z = g \circ f(x) = g(f(x)) = g(y)$$

すなわち，$\forall z \in C$ に対し，$z = g(y)$ となる $y \in B$ が存在するので，g は全射である．

また，f が単射であることは，練習問題 4.1 で示されている．

練習問題 4.6（62 ページ）

$g \neq h$ と仮定する．すなわち，$\exists y \in B$ に対し，$g(y) \neq h(y)$ である．f が全射なので，$y = f(x)$ となる $x \in A$ が存在する．したがって

$$g \circ f(x) = g(f(x)) = g(y)$$

$$h \circ f(x) = h(f(x)) = h(y)$$

となり，

$$g \circ f(x) \neq h \circ f(x)$$

を得る．したがって

$$g \circ f \neq h \circ f$$

となり矛盾．

練習問題 5.1（69 ページ）

反射律は $(\forall B \in 2^A)(B \subseteq B)$，
推移律は $(\forall B, C, D \in 2^A)(((B \subseteq C) \wedge (C \subseteq D)) \rightarrow (B \subseteq D))$，
反対称律は $(\forall B, C \in 2^A)(((B \subseteq C) \wedge (C \subseteq B)) \rightarrow (B = C))$
であるので，これらが成り立つのは自明．したがって $\subseteq$ は半順序である．

次に $|A| \geq 2$ のとき，A の任意の異なる 2 要素を a, b とすると，$\{a\} \not\subseteq \{b\}$ かつ $\{b\} \not\subseteq \{a\}$ であるので，比較可能性が成立せず，全順序ではない．

練習問題 5.2（69 ページ）

例えば以下のようなものが考えられる．

1. 平面座標 (x, y), $x, y \in \mathbb{R}$ について $(x, y) \preceq (x', y') \overset{\text{def}}{\Leftrightarrow} ((x \leq x') \wedge (y \leq y'))$ としたとき．
2. 任意の平面図形を普遍集合とし，二つの平面図形 A，B について，A が B の内部（境界を含む）に描画できる際に $A \preceq B$ と定義するとき．

なお，図 5.7（70 ページ）のクロの提案した関係は，身長も体重もまったく同じ二人が存在しない場合には半順序になるが，もし存在した場合には反対称律が成立せず，半順序にはならない．

練習問題 5.3（82 ページ）

R が反射律，推移律，反対称律を満たすことを示せば良い．

- **反射律**：$I_A \subseteq R$ より，$(\forall a \in A)(\langle a, a\rangle \in R)$ となり，自明．
- **推移律**：$aRb \wedge bRc$ と仮定する．もし $a = b$ のときには bRc より，$b = c$ のときには aRb より，$a = c$ のときには $I_A \subseteq R$ より aRc となり，推移律が成り立つ．よって a, b, c は三つとも異なる場合を考えれば良い．すると $aR'b \wedge bR'c$ となり，R' の推移性より $aR'c$ が成り立つ．よって aRc も成立し，推移律が成り立つ．
- **反対称律**：$aRb \wedge bRa$ と仮定する．もし $a \neq b$ ならば $aR'b \wedge bR'a$ となり R' の非対称性に反する．したがって $a = b$ であり，反対称律が成り立つ．

練習問題 5.4（85 ページ）

R が反射律，推移律，対称律を満たすことを示せば良い．

- **反射律**：$\forall x \in \mathbb{Z}$ について $x - x = 0$ は k で割り切れるので $\langle x, x\rangle \in R_k$ であり，反射率を満たす．
- **推移律**：$\langle x, y\rangle, \langle y, z\rangle \in R_k$ とすると，2 整数 h, ℓ が存在して，$x - y = kh$，$y - z = k\ell$ と書くことができる．したがって

$$x = y + kh = z + k\ell + kh$$
$$\therefore x - z = k(h + \ell)$$

となり，$\langle x, z\rangle \in R_k$ である．よって推移律を満たす．
- **対称律**：$x - y$ が k の倍数であるならば $y - x$ も当然 k の倍数である．したがって対称律を満たす．

以上から R_k は同値関係である．

R_k による商集合は $\{[0], [1], \ldots, [k-1]\}$ である．

練習問題 5.5（89 ページ）

A/R が定義 5.6 の (1) と (2) を満たすことを示せば良い．

(1) 定理 5.4 の (1) は，A の任意の要素はなんらかの同値類に含まれていることを意味している．このことから明らか．

(2) もし (2) を満たさないとすると，$R(a) \cap R(b) \neq \emptyset$ かつ $R(a) \neq R(b)$ である $R(a)$ と $R(b)$ が存在することになるが，これはそのまま定理 5.4 の (2) に矛盾する．

練習問題 6.1 (95 ページ)

まず

$$(\forall n \in \mathbb{Z}^+)(R^n \subseteq R) \tag{A.2}$$

が成り立つことを示す．$n = 1$ のときは $R^1 = R$ であるので，自明．

n のときに成り立つと仮定すると，

$$\begin{aligned} R^{n+1} &= R \circ R^n \\ &\subseteq R \circ R \qquad (\because\ R^n \subseteq R\,) \\ &\subseteq R \qquad (\because \text{例題 6.2}) \end{aligned}$$

以上より式 (A.2) が証明された．したがって

$$\begin{aligned} R^+ &= R \cup R^2 \cup R^3 \cup \cdots \\ &\subseteq R \end{aligned}$$

となり題意が示された．

練習問題 6.2 (99 ページ)

例えば，

$$R = \{\langle 1, 2\rangle\}$$

は，

$$R \cup R^{-1} = \{\langle 1, 2\rangle, \langle 2, 1\rangle\}$$

であり，$\langle 1, 1\rangle \notin R \cup R^{-1}$ なので推移的ではない．

練習問題 7.1 (113 ページ)

この解答はなんとか自力で見つけ出してほしい．ヒントとしては「$(x+y)^n$ を展開したときの $x^p y^{n-p}$ の係数とは何か」を考えることである．$(x+y)^2$ や $(x+y)^3$ といった簡単なものについて，図 7.7 を眺めながら考えると気がつくかもしれない．

練習問題 8.1 (130 ページ)

$K_{3,3}$ が平面描画できたと仮定する．完全二部グラフであるので，平面描画できた場合，すべての面は 4 本以上の辺で囲まれている．すなわち，各面のまわりには 4 本以上辺が存在する．一方で，各辺の両側に面が存在する．し

たがって辺の数 m と面の数 h の間には次の関係が成り立つ.

$$4h \leq 2m$$

これをオイラーの多面体公式（式 (8.2)）に代入して h を消去すると次の式を得る.

$$2n \geq m + 4 \tag{A.3}$$

しかし $K_{3,3}$ において $n = 6$, $m = 9$ であるので，これを式 (A.3) に代入すると，左辺は 12 で右辺は 13 となり，式を満たさないので，矛盾.

練習問題 8.2（133 ページ）　省略

参考文献

[1] 新井敏康，集合・論理と位相（基幹講座 数学），東京図書，2016.

[2] 伊藤大雄，データ構造とアルゴリズム（コンピュータサイエンス教科書シリーズ 2），コロナ社，2017.

[3] 伊藤大雄・宇野裕之 編著，離散数学のすすめ，現代数学社，2010.

[4] 砂田利一，バナッハ・タルスキーのパラドックス（岩波科学ライブラリー 49），岩波書店，1997.

[5] 田中尚夫，選択公理と数学，遊星社，1987.

[6] 西村敏男・難波完爾，公理論的集合論，共立出版，1985.

[7] 小松勇作 編・東京理科大学数学教育研究所 増補版編集，数学英和・和英辞典 増補版，共立出版，2016.

[8] Wikipedia（特に出先で執筆中，人名の綴りなど曖昧な事項を迅速に確認する際に Wikipedia（和英両方）を何度か利用しました.）

索　引

著者紹介

伊藤大雄（いとうひろお）　博士（工学）

1985年　京都大学工学部数理工学科卒業
1987年　京都大学大学院工学研究科数理工学専攻修士課程修了
同　年　日本電信電話株式会社基礎研究所 入所
1995年　京都大学博士（工学）取得
1996年　豊橋技術科学大学情報工学系 講師
2001年　京都大学大学院情報学研究科 助教授～准教授
2012年　電気通信大学大学院情報理工学研究科 教授
著　書　『データ構造とアルゴリズム（コンピュータサイエンス教科書シリーズ 2)』コロナ社 (2017)
『パズル・ゲームで楽しむ数学』森北出版 (2010)
(共編著)『離散数学のすすめ』現代数学社 (2010)
(共著)『ネットワーク設計理論（岩波講座「インターネット」5)』岩波書店 (2001)　など

NDC410　191p　21cm

イラストで学ぶ（まなぶ）　離散数学（りさんすうがく）

2019年 9月 5日　第1刷発行
2025年 3月 6日　第6刷発行

著　者　伊藤大雄（いとうひろお）
発行者　篠木和久
発行所　株式会社　講談社
〒112-8001　東京都文京区音羽 2-12-21
販売　(03)5395-5817
業務　(03)5395-3615

KODANSHA

編　集　株式会社　講談社サイエンティフィク
代表　堀越俊一
〒162-0825　東京都新宿区神楽坂 2-14　ノービィビル
編集　(03)3235-3701
本文データ制作　藤原印刷株式会社
印刷・製本　株式会社ＫＰＳプロダクツ

Printed in Japan

ISBN 978-4-06-517001-4